纳米泡微尺度

减阻效应

卢艳　王超　张镐◎著

NAMIPAO WEICHIDU
JIANZU XIAOYING

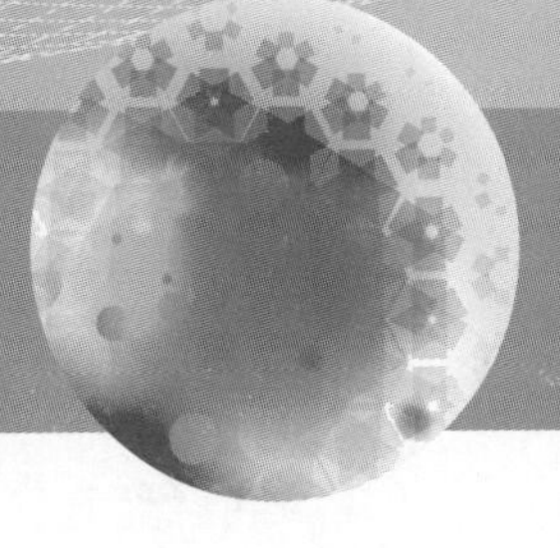

華中科技大學出版社
http://press.hust.edu.cn
中国·武汉

内 容 简 介

本书首先通过醇水交换法实验参数研究，实现了疏水热解石墨烯表面纳米泡的分布形态调控；然后利用多元溶剂蒸发等方法制备了不同疏水纳米织构表面，研究了疏水纳米结构表面形态对纳米泡成核及其稳定性的影响规律；建立了疏水微结构界面诱导的纳米泡形成机制；通过宏观、微观多场耦合仿真，构建了基于疏水界面微纳结构的纳米泡两相流体热动力学模型，揭示出高温壁面 Leidenfrost 纳米气层润滑减阻机制是界面微形貌和温度响应所产生的耦合效应。纳米气层悬浮液体临界产生温度是流固接触面积和宽间比的函数，通过微结构优化达到了纳米泡温度响应滑移的目的；通过模板复刻法在温敏形状记忆聚合物表面上制备出智能响应的微结构，借助微结构形态可逆转变实现了润湿性能的调控；进行了二元合金的热响应相变分子模拟研究，揭示出温度自适应纳米结构对表面疏水性能的调控，最终利用温敏形状记忆材料的微结构形变调控实现了宽温域纳米泡润滑减阻的控制。

图书在版编目(CIP)数据

纳米泡微尺度减阻效应/卢艳，王超，张镐著.—武汉：华中科技大学出版社，2024.2
ISBN 978-7-5772-0595-3

Ⅰ.①纳…　Ⅱ.①卢…　②王…　③张…　Ⅲ.①纳米材料-气泡-研究　Ⅳ.①TB383

中国国家版本馆 CIP 数据核字(2024)第 046621 号

纳米泡微尺度减阻效应
Namipao Weichidu Jianzu Xiaoying　　　卢 艳 王 超 张 镐 著

策划编辑：张　毅
责任编辑：郭星星
封面设计：廖亚萍
责任监印：朱　玢
出版发行：华中科技大学出版社(中国·武汉)　　电话：(027)81321913
　　　　　武汉市东湖新技术开发区华工科技园　　邮编：430223
录　　排：武汉正风天下文化发展有限公司
印　　刷：武汉科源印刷设计有限公司
开　　本：710mm×1000mm　1/16
印　　张：8
字　　数：132 千字
版　　次：2024 年 2 月第 1 版第 1 次印刷
定　　价：89.00 元

前　言

随着机电系统微型化进程的加快，微纳器件逐渐向轻量化、集成化以及低能耗的方向发展，其尺寸的不断缩小导致界面效应增强。本书针对微纳结构形成的小尺度界面效应下流体传热规律和流动规律，将温度和结构耦合的疏水纳米泡效应引入润滑控制，创新性地提出了自适应微结构表面的制备方法，从而达到了宽温域自适应形变的纳米泡润滑减阻控制的目的。本书探讨了微纳尺度纳米泡的工程应用，所涉及的内容成果有望用于提升高端装备的性能。

本书是笔者第二次撰写个人的科研内容，也可以看作是《仿生疏水表面润滑性》的延续。笔者一直致力于表(界)面工程的润滑减阻延寿工作，继上次疏水界面的气助液膜润滑后，笔者发现当气体介质的体积减小为微纳级尺度后，这种在宏观上被认为几乎不可能存在的纳米级气泡，具有刚度大、浮力小、比表面积大和稳定性好等特点，于是首次探讨了将纳米泡作为介质的减阻效应。纳米泡的研究是21世纪才正式揭开序幕的，尚处于方兴未艾的阶段，本书所做的工作为纳米泡的工程应用提供了前期理论基础和相关的技术支持。

本书的出版得益于国家重点研发计划(No.2021YFB2011200)和国家自然科学基金(No.51875417)的支持，这些资金支持使得纳米泡微尺度润滑减阻的研究得以顺利开展，在此表示感谢。

著　者
2023年11月

目　录

第1章 绪　论

随着纳米科学技术的发展，微纳机电系统应运而生，并在信息、生物、环境、医学、航空航天和灵巧武器等领域都有着引人注目的成绩。在这些系统中，微纳器件的尺度趋向微米、纳米，这种小尺度效应将导致发生在表面和界面的摩擦学和热动力学等行为凸显和增强。为了满足微纳器件运动副的高精度运动要求及其表面微纳米精度的无损要求，宏观尺度下的流体润滑控制原理和方法在系统微小化后并不适用，于是深入揭示微纳流体中的界面现象对流体流动的新物理机理并寻求有效的润滑减阻控制方法，成为微纳科技研究的热点之一，特别是在微纳机电系统中有着十分重要的理论意义和实际应用价值，利用相关研究成果将有望大幅提升微纳机电系统的性能。

传统的宏观界面润滑减阻方法，旨在通过表面织构设计实现固液两相接触状态的改变，来达到改善摩擦副润滑性能的目的。并且随着仿生技术的发展，疏水织构表面的概念揭示出织构表面的润滑效应实际上是固液气三相作用的结果。前期的研究结果(如图 1-1)表明多尺度微纳功能织构对仿生疏水性能的可构性，会影响表面水分的凝结和吸收的状态，从而使气体介入液体润滑膜系统。而宏观气泡对系统的流动速度和压力的变化十分敏感，易于在流体润滑过程中出现马太效应而崩溃消亡(如图 1-2)，制约了稳定气体润滑技术的应用。相反，微纳结构化表面能在固液界面之间诱捕到纳米级气泡，这种宏观上被认为几乎不可能存在的小尺度气泡，却能长期存在并且具有刚度大、浮力小和稳定性好等特点，其能够减小固液界面流体与固壁之间的相互作用力，从而对固液之间微纳流体润滑减阻起到积极作用。纳米泡的研究尚处于方兴未艾的阶段，缺乏界面效应对纳米泡分布接触形态的稳定性控制机理及其对流体流动影响的研究，于是也就禁锢了纳米泡对微纳流体流动润滑进行改善的能力。

温度作为传统意义上机械负效应主因之一，往往采取各种改善方法来规避处理。微纳系统相对于宏观系统而言，其界面效应对运动过程中摩擦热及工况温度作用的敏感度增强，如此一来，微结构疏水润滑对温度响应引起的莱

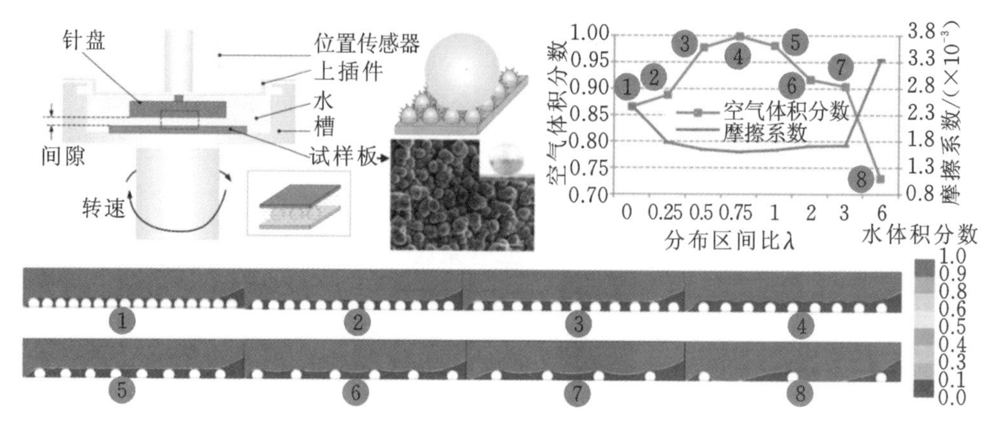

图 1-1　多尺度微纳结构疏水表面的气层减阻效应(有彩图)

扫码查看
第 1 章彩图

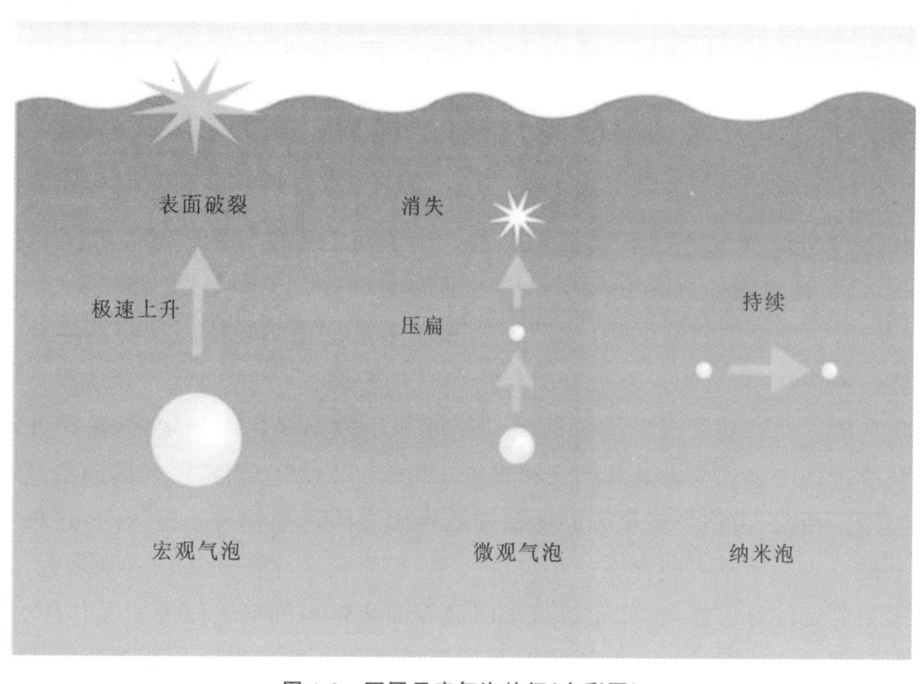

图 1-2　不同尺度气泡特征(有彩图)

顿弗罗斯特(Leidenfrost)液体悬浮效应(如图 1-3),使得温度成为纳米泡介入固液界面的媒介,从而成功将热负效应转换为可利用的能量资源。实际上,基于 Leidenfrost 现象的现有研究已证实,疏水表面微结构特征是决定温度响应气层效应的关键。但是关于传统 Leidenfrost 现象的研究关注不对称几何特征表面对液体产生的自推动行为,没有深入而广泛地探讨不同微结构形貌对温度响应的气层特征。基于此，本书提出了基于温度气层效应的疏水微结构设计新概念，即根据疏水微结构表面液体对温度响应的差异性，通过调控微结构形态来影响纳米泡的形成机制、分布形态及稳定性，为改善宽温域微纳流体流动润滑起到积极作用。

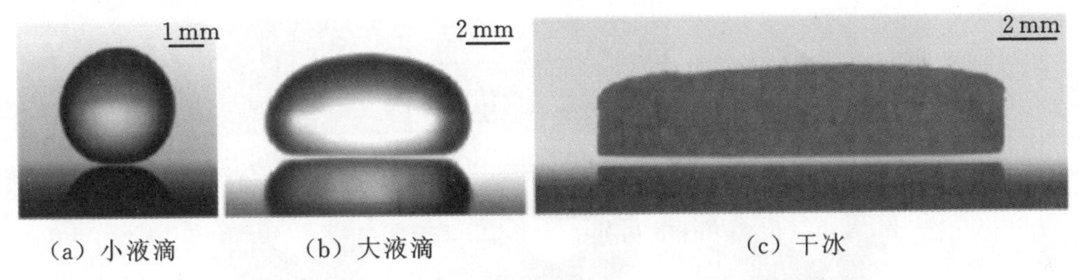

(a) 小液滴 (b) 大液滴 (c) 干冰

图 1-3 悬浮于高温光滑固体表面气层之上的液体形态图

由此可见，疏水表面的微纳结构是借助纳米泡物理特性优势推动宽温域摩擦减阻性能提升的关键。但是在温度作用下表面微结构的软化变形，使它无法保持既定微形貌，因此，温度成为破坏界面疏水特征的主导因素，最终表现为高温纳米泡减阻的失效。智能形状记忆材料的提出，实现了通过外界刺激达到形状响应的目的。这种形状记忆性能的提出，意味着当具有某种形状的界面受到温度作用后，表面的微观形貌会发生改变，从而生长出次级结构，达到表面的疏水性能随工况环境自适应调控的目标。然而，目前的形状记忆材料往往只能记忆一个临时的单一尺度形状(如图 1-4)，缺乏对随温度变化的微纳梯度多尺度结构自适应调控功能的研究，无法掌握宽温域疏水纳米泡的形成机理及其存在稳定性的影响因素，于是也就无法利用纳米泡改善液体的润滑性能。这将制约表面织构设计理念的发展，忽视纳米泡改善润滑性能的潜力。显然，这种形状记忆材料实现摩擦过程中纳米泡润滑控制有两个优点：一方面，有效地利用机械负效应——温度，使表面形成微纳梯度三维结构，在运动过程中利用纳米泡的疏水效应降低表面阻力；另一方面，可以根据运动过程中的温度变化自我调节微观形貌，从而实现疏水纳米泡介入减阻的自适应调节，提高润滑性能。因此，基于智能热响应形状记忆材料的设计，可期通过温度调控表面微纳级拓扑结构，有助于建立一种自适应温度的多尺度梯度疏水体系，实现宽温域纳米泡润滑减阻控制。

综上所述，利用宽温域疏水织构表面的纳米泡进行润滑时，具有基于温度的自适应响应特征的多尺度微纳米梯度结构，是控制纳米泡稳定形成与流体

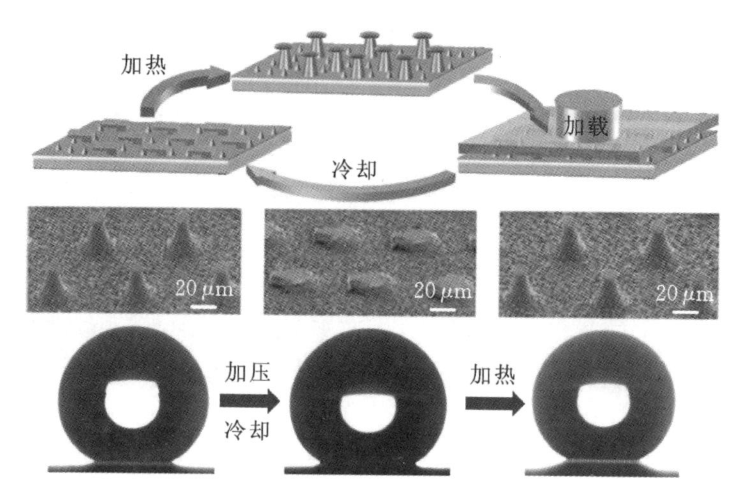

图 1-4　形状记忆材料表面基于热诱导的超疏液特性可逆状态转换

润滑减阻作用的功能载体。显然，将具有形状记忆性能的智能表面作为多尺度微纳结构的功能载体，不仅可以探析高温多尺度梯度疏水织构的构建方法及其基于温度变化的自适应微结构形成机理，而且为纳米泡的形成及其稳定性控制提供了理论依据，从而提出了宽温域纳米泡疏水润滑减阻的新技术。

本书为控制微纳机电系统运动副固液润滑性能提供了有效的技术指导，有助于大幅提升微纳机电系统的性能，并且对探索摩擦学在微纳尺度上的理论和技术，具有重要的学术意义和实际应用价值。

1.1　纳米泡的减阻效应

自 2000 年 Ishida 和 Lou 首次通过原子力显微镜（AFM）观察到了固液界面之间纳米泡具有宏观理论难以解释的长寿命以来，关于纳米泡的形成机理、影响因素、稳定性以及边界滑移效应等的研究就引起了表面科学领域的广泛关注，现已成为该领域最热门的研究内容。遗憾的是，目前关于纳米泡润滑减阻机理实验结果的可重复性和一致性备受争议，同时理论结果与实验现象的差异，导致至今尚不足以建立起一个系统的新物理机理体系，从而限制了纳米泡的工程应用。

宏观系统中工程表面织构形态的改变，在滑动过程中会引起疏水效应、润滑性能以及减阻减磨损状态的不同。相对于宏观系统，这种界面现象的特征效应在微纳润滑系统中会被强化。因此，纳米泡润滑减阻性能的控制方法对表面微纳结构稳定性的依赖性增加。与此同时，微纳疏水效应对温度负效应的敏感度也增强。那么如何实现表面微纳疏水结构在摩擦热作用下的自适应特征，成为有效提高微纳流体润滑性能的技术关键。现从纳米泡的界面稳定性和纳米泡疏水减阻效应两个方面进行国内外现状分析。

1.1.1 纳米泡界面稳定性的研究

20世纪末，随着原子力显微镜技术的发展，学者们在高序热解石墨上获得了纳米泡的成像，才正式掀开了纳米泡研究的序幕。但是，人们对纳米泡的传统热动力学稳定性、本质特性、成核机制等属性和行为都并不清楚。根据Young-Laplace方程：$P_g = P_l + \frac{2\gamma}{r}$，可以看到气泡内部压力$P_g$和溶液压力$P_l$之差实际与固液界面表面张力$\gamma$成正比，与气泡半径$r$负相关，因此，根据理论很容易预测到当气泡半径减小到纳米尺度的时候，气泡内部会产生极高的内部压力。如在室温下($\gamma = 0.073$ N/m)，气泡半径为1 mm时，气泡的内外压力差为146 Pa；气泡半径为10 nm时，气泡的内外压力差高达1.46×10^7 Pa。根据现有理论推测，纳米泡内部的气体会在极短的时间内溶解到周围的溶液中，如结合Henry定律可计算得到10 nm气泡在溶液中的理论寿命为1 μs。然而大量的原子力显微镜观测到，纳米泡实际能够稳定数天之久（如图1-5），这个寿命至少是理论预测寿命的$10^{10} \sim 10^{11}$倍。纳米泡的实际寿命与经典热力学理论预测寿命的悬殊，引起了国内外学者们的兴趣并使微纳技术成为研究热点。基本上，当前主要研究工作都是围绕纳米泡成核机理、分布形态原理及稳定性开展的。

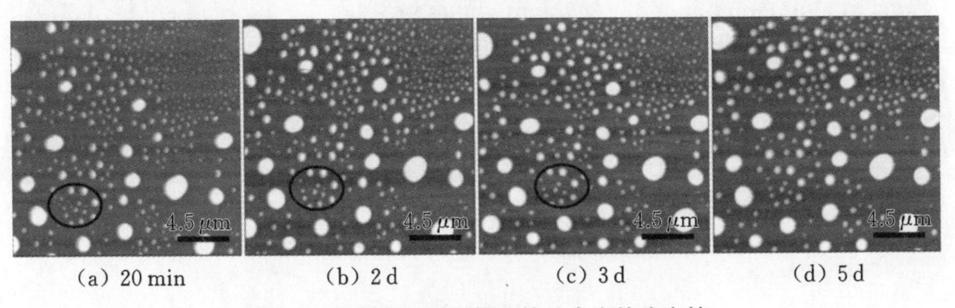

(a) 20 min　(b) 2 d　(c) 3 d　(d) 5 d

图1-5 室温下随时间推移的纳米泡的稳定性

迄今为止,基于纳米泡稳定性的研究主要有三种理论:杂质理论、动态平衡理论和接触线锚固理论。杂质理论解释纳米泡之所以具有长寿命,是因为气液界面被一层不溶的杂质包裹,界面的表面张力降低,进而使得气泡内部的压力值减小,气体不易向溶液中扩散。与此同时也出现另一些声音,如通过实验分别测试表面活性剂中和水中纳米泡的寿命,发现能溶解杂质的表面活性剂中纳米泡的寿命和水中纳米泡的寿命差异并不大。有学者通过建立新模型分析了杂质对纳米泡内部压力的影响,结果表明,虽然杂质在一定程度上减小了气泡内压但仍不足以改变纳米泡内压极高的状态。动态平衡理论指出,纳米泡的稳定存在实际上得益于从三相接触界面进入纳米泡的气体量与从纳米泡流出的气体量动态平衡。但是通过纳米粒子追踪实验,可观察到气泡周围液体粒子符合布朗运动规律,并没有有力证据表明循环流动现象的存在。接触线锚固理论是目前为止对界面纳米泡长期稳定存在最为合理的解释,该理论从实验和理论两方面表明了,当纳米泡的接触锚固线不变时,纳米泡内的气体会被禁锢而极大程度地减小了气体向溶液中扩散的速率,从而使纳米泡能够在固液界面上长期存在(如图 1-6 和图 1-7)。当根据 Weiji 提出的理论计算十万个气体分子的接触锚固线时,气体分子在 36 h 后完全扩散消失,这与观察到的实验结果尺度相符但是仍然存在差异(如图 1-8)。

事实上,现有的接触线锚固理论并不完善,主要原因在于其模型将固体表面考虑为光滑壁面而忽视了固体界面微纳结构所引起的纳米泡分布,也忽视了接触形态的改变对接触线的影响。目前已有研究表明,可以从实验观测到纳米泡形成机制与表面微纳结构有密切关系(如图 1-9),但是关于纳米泡的分

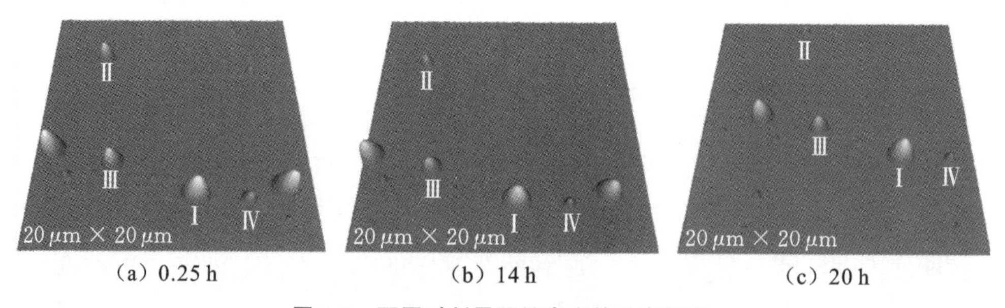

(a) 0.25 h (b) 14 h (c) 20 h

图 1-6 不同时刻界面纳米泡的分布形态

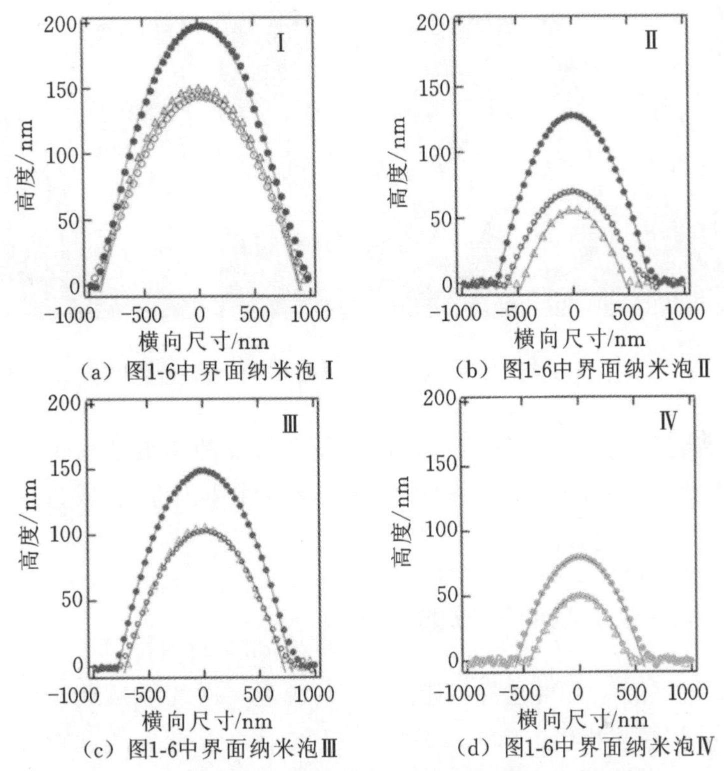

图 1-7　不同界面纳米泡的截面轮廓随时间的变化(有彩图)

曲线中的●,○,△分别代表 0.25 h、14 h、20 h 时的界面纳米泡

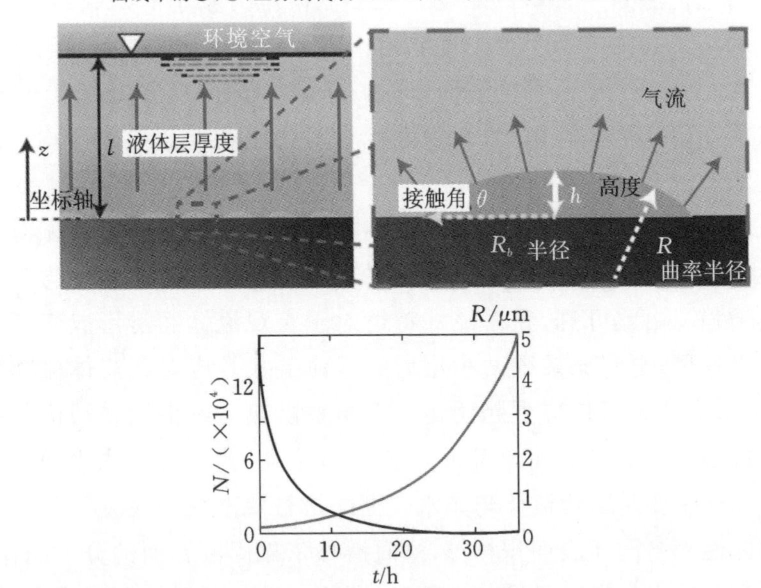

图 1-8　基于界面纳米泡接触线锚固理论模型的曲率半径与寿命关系(有彩图)

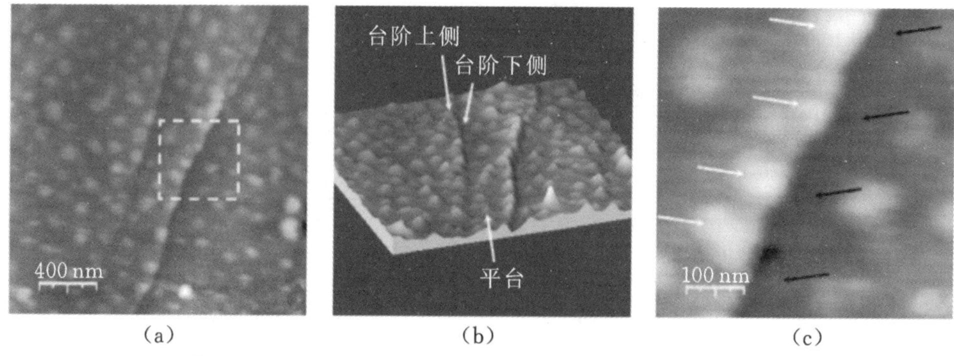

(a) (b) (c)

图 1-9　高序热解石墨烯气泡分布形态与表面原子台阶形貌的关系(有彩图)

析模型比较匮乏,没有对不同几何特征及复合尺度的微纳结构表面进行针对性研究。因此,如何基于微纳结构特征建立接触线锚固理论,成为探讨纳米泡润滑减阻效应的关键性问题。

1.1.2　纳米泡疏水减阻效应的研究

疏水减阻是近年来兴起的减阻方法,其机理与微气泡减阻相似。研究发现,超疏水材料在液相中能够捕获到空气层(如图 1-1)。空气层能够分离固液接触界面,使得运动过程黏滞阻力减小,从而达到减阻效应。疏水表面的减阻机制至今为止仍然是个公认的难题。关于流体压力减小的研究结果显示,疏水表面几何特征起到了一个至关重要的作用。自然生物和机械工程疏水表面的应用实例显示,相对于一般的表面,疏水表面的减阻效应要提高 20%～30%。同时笔者前期研究结果也揭示出,表面织构对仿生疏水性能的可构性能够控制气体润滑形成及其存在稳定性。

当流体润滑系统微小化后,微纳流体在固液界面的流动阻力相对于宏观系统明显增大。同样,微纳尺度下固液界面的表面性质对流体动力学特性的影响也被增强。由此可见,界面疏水特性对于宏观流体润滑形成气层减阻尚且具有积极作用,更何况系统微小化后的界面疏水效应对于流体流动行为被加强后,纳米泡的减阻效应更趋明显。近年来出现了不少微观结构化疏水表面对固液接触界面流体滑移减阻的研究,结果表明,光滑的亲水表面不会产生滑移现象。这主要是因为流体与亲水表面的接触状态呈 Wenzel 型,也就是说固液接触面面积与固体表面积相等,这时滑移依靠固液界面的分子间作用力,一般不会产生较大的滑移长度,通常可以忽略不计。有理论分析指出,气体层是滑移的主要因素。有学者通过实验将疏水表面置于不同环境下测量疏水表面在水中产生的边界滑移长度,结果显示真空状态下的疏水表面观察不到边界滑移的存在,而置于空气环境中的疏水表面具有边界滑移,从而充分证实了纳米泡是产生边界滑移的关键。而织构疏水表面能够使得气体介入固液界面之间,造成界面处的流体黏度降低,从而形成表观滑移边界减阻现象。当润滑系统的尺寸降到纳米尺度或更小时,疏水微纳结构表面更易捕获到流体中的气体分子,不少研究通过仿真和实验研究表明了纳米泡的存在对延长滑移长度具有直接贡献。但是有研究也揭示了纳米泡的存在也有可能产生负滑移,所以并不一定能够减小流动阻力,并指出要通过纳米泡实现流动阻力的控制,需要研究纳米泡在结构化表面的分布和形态(如图1-10)。而疏水表面的微纳

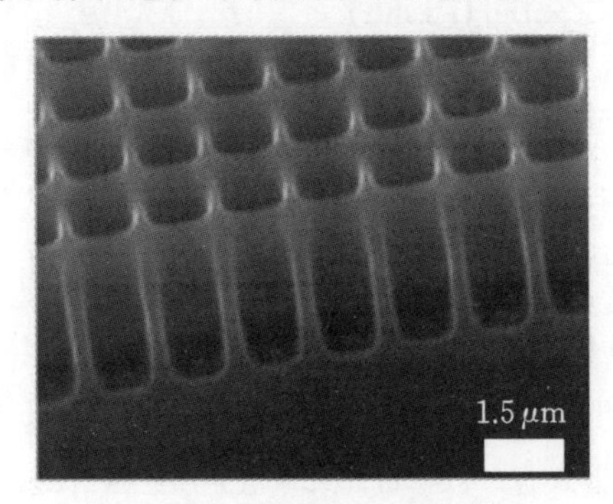

(a) 微结构表面的扫描电镜图

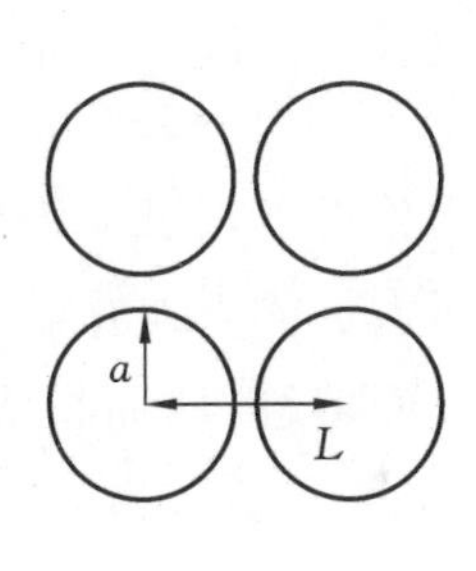

(b) 微结构形状表征

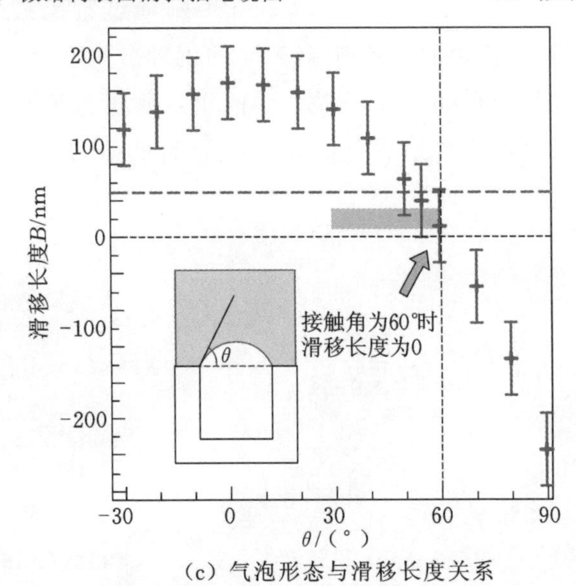

(c) 气泡形态与滑移长度关系

图1-10 微结构表面上滑移长度与气泡形态的关系(有彩图)

结构是影响纳米泡大小、形貌和分布的关键性因素。基于微纳结构对表面疏水性能的可构性，说明合理的疏水结构可以提高纳米泡的减阻效应。

目前，对于结构化疏水基底在润滑中产生的纳米泡的影响研究尚处于起步阶段，主要是局限于纳米泡自身的性质如尺寸小等，其观测对实验仪器的要求比较高，成像难度比较大，所以至今没有实验能够直接验证纳米泡产生滑移减阻效应的内在机制。那么，如何通过建立微纳结构疏水表面的纳米泡形成机制，为纳米泡润滑减阻控制提供理论基础，并从中创新出新的结构化疏水表面是主要的研究方向。

1.2 微结构化疏水表面的温度气层效应

自 1756 年 Leidenfrost 观察到液滴由于高温蒸发形成气层，从而在热锅上悬浮的现象以来，Leidenfrost 现象提供的完美疏水以及无摩擦运动状态便引起了科研人员的兴趣并取得了显著的研究进展。气层的存在使得液滴不直接与高热表面接触，从而很大程度上减小了热传递，因此减慢了液滴的蒸发速率，延长了液滴的寿命。目前，学界对 Leidenfrost 现象的产生温度及液体形状和气层特征有比较广泛的研究，最让人感兴趣的是 2012 年 Vakarelski 发表在《自然》上的研究成果。在该研究中，Vakarelski 通过对比试验将具有光滑表面的钢球与镀有纳米涂层且具有粗糙表面的钢球分别在水中加热，结果显示光滑钢球表面周围冒泡，而具有粗糙表面的钢球则被包覆在完整的气膜中(如图 1-11)，由此可以很清楚地看到接触表面的形貌对气层产生起到了至关重要的作用。

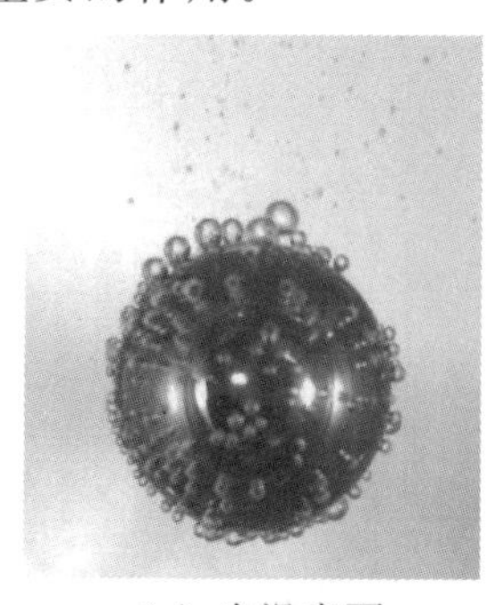

(a) 光滑表面

(b) 粗糙表面

(c) 粗糙表面的微观形貌

图 1-11 具有光滑表面与粗糙表面钢球的 Leidenfrost 现象对比图(有彩图)

近年来，针对高温微结构表面的 Leidenfrost 现象的研究主要围绕锯齿结构展开，最为典型的是液滴在高温锯齿结构表面的自推进行为（如图 1-12）。众所周知，液体在固体表面的运动主要受到不对称势能的驱动，克服了液体表面的能垒，通常认为这种势能的不对称性是由化学、电和热梯度引起的表面张力不平衡的 Marangoni 效应造成的。锯齿结构表面构成了一个非对称性的空间周期系统，可以在耦合温度下引导液体定向运动。Linke 的研究结果表明，液滴在高温表面运动是由固体和液体之间的蒸汽流动所产生的黏性力驱动的。Dupeux 揭示了非对称的锯齿结构所产生的这种黏性驱动力方向是沿着齿型结构的斜坡方向的，从而推动液体向此方向运动。Alvaro 等通过激光消融法构建了不同几何参数的微观锯齿结构，并通过加热观察液滴在不同微观表面上的运动行为，结果显示锯齿结构的长宽比对液滴运动速度起到了关键作用。Chaudhury 研究了润湿梯度和滞后阻碍对液滴在固体表面的自推动动态特性的影响。Lagubeau 解释了液滴在锯齿表面的自推动源于液体和固体之间的气层在向外扩散的过程中受到几何形态限制而具有不对称性，并且微结构形态对驱动力和摩擦力也有不同程度的影响。Baier 提出了基于气层扩散流的黏性阻力与液滴的热表面自推动力之间的计算模型，通过计算发现锯齿表面的几何参数是液滴自推动力的主要影响因素。Feng 通过磁控溅射混合离子光束沉积的方法获得了锯齿薄膜表面，并且发现表面几何形态的改变引

图 1-12　液滴在高温锯齿表面上的自推进行为

起了 Leidenfrost 温度点的变化。Ramachandran 探讨了仿生微纳结构对润湿性能和流体流动速度的影响，并提出将其应用到人造血管从而降低血栓发生风险的构想。显而易见，这些研究都是针对由锯齿微结构不对称性引起的自推动现象而展开的。然而在本书中，主要对象是微机电流体润滑系统，液滴的原发性运动驱动能并不是关键性问题，所以单一的锯齿结构研究将阻碍气层减阻性能的提高，从而更需要关注的是具有不同微结构几何特性表面对温度响应的 Leidenfrost 气层形成条件和形成机制。

但是本书试图将摩擦负效应-工况温度响应所产生的气层效应应用到微机电系统，除了考虑 Leidenfrost 温度点受控于表面几何结构外，还会发现一个明显问题，那就是微流体润滑过程中的传热特性。这时，需要耦合前面提到的纳米泡，利用纳米泡相对于宏观气泡所具有的刚度大和稳定性强等特征，同时关注表面的润湿特性以期对纳米泡吸附性进行控制。因此，如何建立微结构几何特征与 Leidenfrost 温度点的关联性，了解纳米泡对温度变化的稳定性机制，揭示不同温度作用下微结构表面的疏水性能对纳米泡形成机制的调控问题，是实现摩擦热响应的纳米泡减阻控制的关键技术问题。

1.3 形状记忆材料的温控微结构自适应效应

前面两部分内容都提到了，无论是纳米泡的稳定性控制方法还是基于温度响应的 Leidenfrost 纳米泡形成调控机制，都与固体表面的微结构疏水特性有着密不可分的关系。而在实际微机电系统中，由于摩擦副表面宏观几何形状的复杂性，其表面微纳结构的构建制备十分困难，并且最为主要的是摩擦机械热作用会对初始构建的尺度结构造成破坏。由此，实现宽温域范围内表面微结构特征的维持并使它随温度变化做疏水性能自适应调节，便成为利用热效应激发纳米泡减阻效应的重要基础。

自 1963 年在美国海军实验室发现形状记忆材料以来，已有研究通过形状记忆聚合物材料实现超疏水智能表面的控制，通过外力将聚合物材料压缩变形后，改变其表面的微观形貌就可以调控疏水性能。形状记忆材料的研究很长时间都是基于宏观形状记忆机制进行的。随着纳米科学技术的发展，近十几年来，科研人员成功制备出不同响应下具有微结构的可控亲疏水转换材料，如 Feng 在基底上制备出温度响应高分子聚异丙基丙烯酰胺薄膜，通过控制表面粗糙度实现了在很窄的温度范围内超亲水和超疏水性质之间的可逆转变；Zhang研究了在特定温度下，液滴在高温固体表面发生的浸润铺展到去浸润弹起的变换；Xia制备了一种氧化锌纳米棒，通过紫外响应打开了超疏水表面的疏水性向超亲水性转换的“开关”；Lv制备了具有自修复功能的纳米结构表面，若表面因外力作用而改变了自身的微结构坍塌疏水性能，由于材料具有形状记忆功能，则可以通过热处理而恢复到超疏水状态(如图1-13)。研究结果表明，可以通过外界干预来实现微结构形态的调控。这也就意味着，通过实际摩擦副工况温度效应来调控表面疏水效应具有可行性。

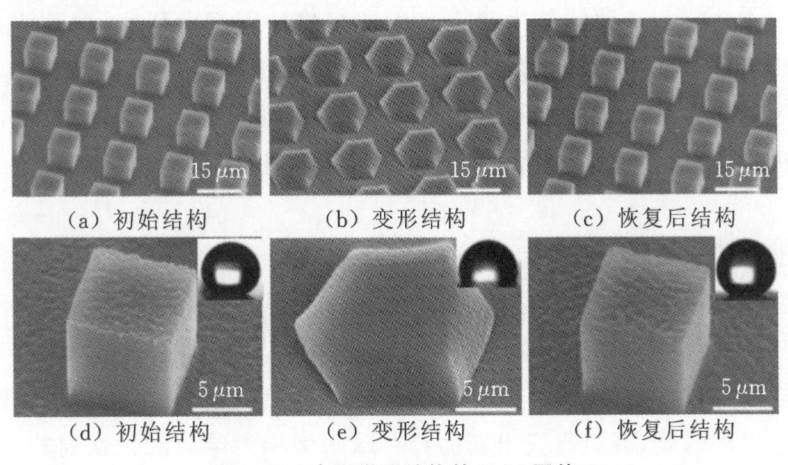

(a) 初始结构　(b) 变形结构　(c) 恢复后结构

(d) 初始结构　(e) 变形结构　(f) 恢复后结构

图1-13　表面微观结构的SEM图片

根据笔者前期的研究，为了实现疏水气膜的润滑稳定性，梯度尺度是其最基本的保证。如果在较大温度范围内能实现这种尺度特征变化和单一尺度到多尺度的自适应调控，那么宽温域疏水表面纳米减阻的实现将得到极大理论支持。目前，大多数研究是针对形状记忆的设计，通常只能记忆一个临时的单一尺度形态，那么设计一种在热应力作用下能够可控地生长出次级微纳米结构的形状记忆材料，并且使其表面多尺度结构能够随着工况变化自我调控，呈现出超塑弹性的特征，是制约表面达到所期望的疏水气层减阻控制的关键。如何在摩擦副表面构建出能够实现宽温域自适应的微纳级梯度结构形态，将成为疏水纳米气膜润滑形成机制的主要研究问题。因此，如何基于形状记忆的温控功能调控温度效应下的微纳梯度结构特征，维持温度变化下的疏水效应，是实现宽温域纳米泡润滑减阻控制的关键技术问题。

1.4 纳米泡润滑减阻研究的背景及意义

综上所述,利用微纳尺度梯度结构界面上流体温度响应的 Leidenfrost 现象,能够在固液界面之间形成纳米泡,并且以形状记忆材料的温控超塑弹性特性为载体,探讨在机械摩擦热应力作用下,微纳级多尺度结构随温度的自适应调控特征所产生的纳米泡减阻效应,这样可以将疏水纳米泡润滑减阻研究拓宽到宽温域的研究范畴。本书基于前期国家自然科学基金、青年科学基金和博士后工作站特别资助的仿生疏水表面的气楔协同润滑研究,以疏水微梯度结构为讨论对象,同时将此结构表面液体对温度响应的特征和此结构表面对纳米泡形成规律及稳定性控制联系起来,探讨了纳米泡在宽温域范围内的润滑减阻机制,解决了微机电系统由小尺度效应造成的界面摩擦破坏加强的问题。

本书将疏水微梯度结构表面纳米泡减阻效应引入微机电摩擦系统,研究将建立温度变化下不同微结构表面纳米泡的形成机理与其分布形态的关联性,接着通过温控形状记忆材料对热响应的自适应性调控找出各温度下的最优微结构,从而达到宽温域下微结构自由转化的目的,实现纳米泡润滑减阻的稳定性控制。因此,可望研究出新的具有疏水微梯度结构的记忆材料,以此发现的宽温域纳米泡润滑减阻机理可为微机电系统摩擦学界面的改性研究探索出新的技术途径。

第2章　基于疏水微纳结构界面诱导的纳米泡稳定机制研究

纳米泡分布接触形态的稳定性是研究微纳流体流动润滑机制的瓶颈。迄今为止，接触线锚固理论是对界面纳米泡长期稳定存在最为合理的解释，然而目前相关理论是基于光滑表面的接触线得出的，而在具有微织构的表面上，接触线并不是直线。通过实验考虑界面特征所引起的纳米泡分布形态改变对接触线产生的影响，可揭示不同疏水微结构与纳米泡移动性之间的联系，从而探讨疏水界面对纳米泡动态稳定性的影响；并且纳米泡在固液界面上的形成过程，实际上是溶解在液体中的分散气体分子从液体中分离形成气相的相变过程。经典成核理论主要通过界面张力来预测纳米泡的成核能垒和临界成核半径，但是宏观的界面张力无法反映纳米泡在弯曲条件下的界面性能，更缺乏对其结构特性的描述。考虑到纳米泡成核过程实际上需要成核能垒，因此只有达到临界成核半径的纳米泡才能形成，以能量最低原理为出发点，分析不同大小的纳米泡核形成过程中所需要的能量，通过研究成核过程中的热力学性质来预测纳米泡的界面成核现象，从而构建界面纳米泡成核的机理。本章基于实验研究了界面效应对纳米泡成核机理、分布形态原理及稳定性的影响。

2.1　疏水壁面的纳米泡成核机理研究

2.1.1　疏水壁面的实验准备

用 Scotch 3M 胶新鲜解离高序热解石墨 HOPG（12 mm × 12 mm × 2 mm，ZBY 级，Bruker），得到洁净的疏水 HOPG 表面，并用 AB 胶将它固定于玻璃培养皿（直径 35 mm）内。通过 ELGA PURELAB Classic（电阻率 18.2 MΩ · cm，英国 ELGA 公司）制备常温（25 ℃）的超纯水。用重铬酸钾、浓硫酸(98%)和蒸馏水(配比为 2 g∶20 mL∶1 mL)制备重铬酸钾洗液,准备醇水交换产生纳米泡所需的乙醇溶液。所有试剂均购于中国国药集团化学试剂有限公司,所有实验用品均用超声波清洗仪清洗 10 min,再用大量超纯水冲洗以保证其清洁。

2.1.2 纳米泡成核的实验方法

本研究采用醇水交换法实验在 HOPG 表面上产生纳米泡。具体操作流程如下:第一步,对超纯水和乙醇溶液进行杂质排除实验。在洗瓶中盛满超纯水或者乙醇,往培养皿底部加入超纯水或者乙醇浸没新鲜剥离的 HOPG 表面,在溶液中进行原子力显微镜(AFM)成像。如果观察到 HOPG 表面干净无颗粒,则可进行第二步操作,否则更换超纯水或者乙醇重新实验。此步骤是为了验证超纯水和乙醇是否引入杂质,同时也可以验证 HOPG 表面是否能在短时间内直接吸附水中或者乙醇中的气体分子而形成纳米泡。在确认超纯水和乙醇溶液中没有杂质后,用盛满乙醇溶液的洗瓶在培养皿底部加入乙醇溶液浸没新鲜剥离的 HOPG 表面,然后抽取乙醇溶液(不等待或等待几分钟),使培养皿底部残留少量乙醇溶液(或不残留乙醇溶液),再用盛满超纯水的洗瓶向培养皿底部加入超纯水,在溶液中进行 AFM 成像。醇水交换法生成纳米泡的简要步骤如图 2-1 所示。每个实验至少独立重复 6 次,每组至少收集 30 张 AFM 图像进行数据分析。

扫码查看
第 2 章彩图

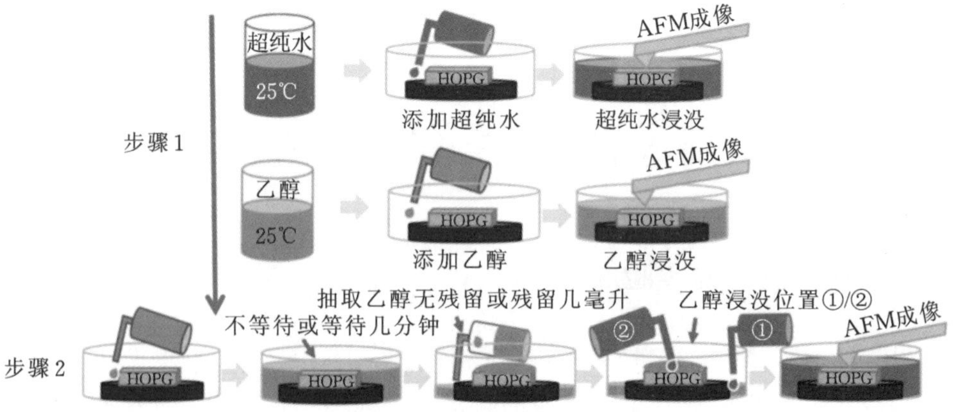

图 2-1 纳米泡制备流程图(有彩图)

2.1.3　纳米泡成核测试

完成醇水交换后需要对 HOPG 表面进行 AFM 图像分析，来观察表面纳米泡的分布形态。我们采用原子力显微镜（Dimension Icon，Bruker）液下轻敲模式成像。用提前制备好的重铬酸钾洗液浸泡氮化硅探针 10 s，使探针（标称弹簧常数为 0.35 N/m，尖端半径为 10 nm，Bruker）具有亲水性。所有成像均在室温 25 ℃下进行，湿度为 30%～50%，以 0.896 Hz 的扫描频率对 HOPG 表面 12 μm×12 μm 区域内进行成像扫描。

2.1.4　纳米泡分布形态的调控实验方案设计

表 2-1 列出了图 2-1 中步骤 2 的具体实验参数，这里设计了 4 种实验方案，分别研究乙醇浸润时间、超纯水浸没位置、乙醇浸润时间与乙醇残留量的耦合和最优实验参数的耦合对纳米泡分布形态的影响。四种实验方案之间的递进关系如图 2-2 所示。

表 2-1　四种调控纳米泡分布形态的实验方案

方案	变量		
	乙醇浸润时间/min	乙醇残留量/mL	超纯水浸没位置
方案 1	0/5/15/25	0	位置①：培养皿底部
方案 2	15	0	位置②：HOPG 表面
方案 3	15	0.6	位置①：培养皿底部
方案 4	15	0.6	位置②：HOPG 表面

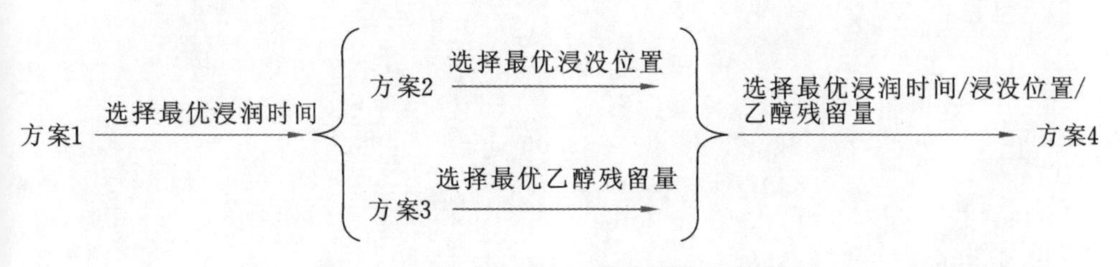

图 2-2　四种实验方案之间的递进关系简图

2.2 纳米泡分布形态及成核调控方法研究

2.2.1 液相杂质排除验证

首先对乙醇溶液或超纯水进行杂质验证(图 2-1 中的步骤 1),通过 AFM 观察超纯水和乙醇中的 HOPG 表面,验证结果如图 2-3 所示。观察 HOPG 表面高度图像可知,在超纯水和乙醇溶液中都只能看到裸露的石墨表面和台阶,这说明实验可以排除杂质的影响。图 2-3(a)和图 2-3(b)分别显示了超纯水中和乙醇溶液中 HOPG 表面的横截面轮廓,曲线的波动幅度表明了 HOPG 台阶的高度,曲线的波动次数代表台阶个数。本步骤排除了溶液中杂质对纳米泡分布形态的影响,为后面研究纳米泡分布形态提高了准确性。

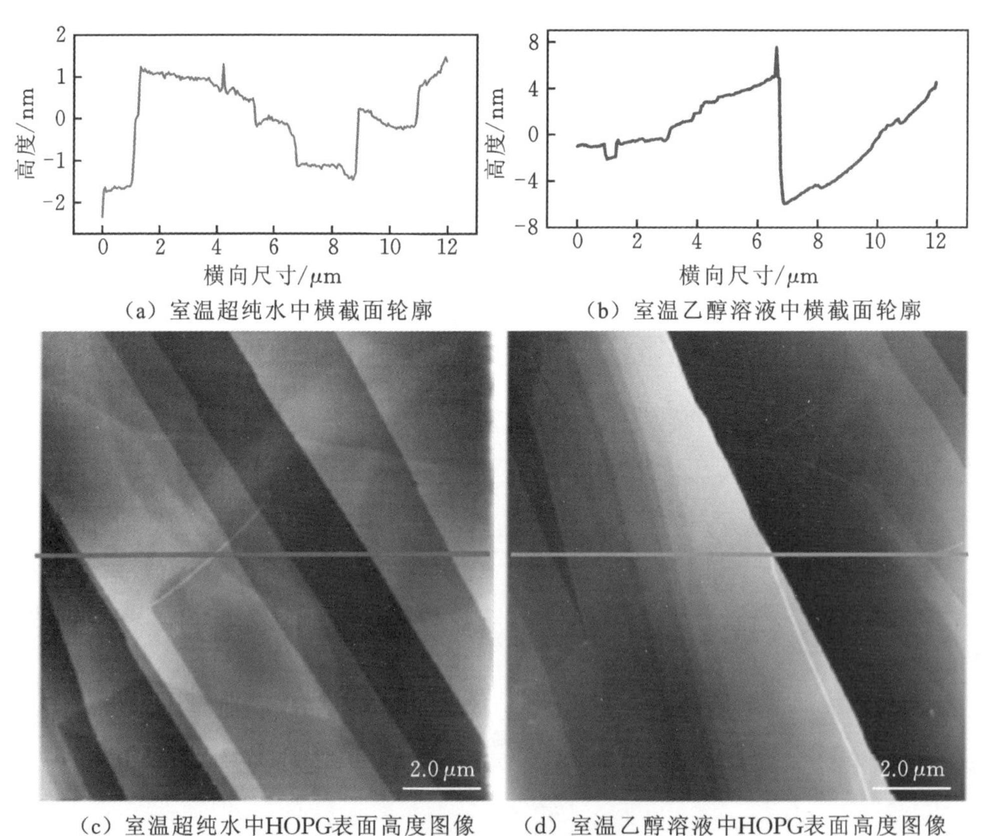

(a) 室温超纯水中横截面轮廓　(b) 室温乙醇溶液中横截面轮廓

(c) 室温超纯水中HOPG表面高度图像　(d) 室温乙醇溶液中HOPG表面高度图像

图 2-3 HOPG 表面的 AFM 高度图像(有彩图)

2.2.2　乙醇浸润时间对 HOPG 表面纳米泡分布形态的影响

在保证试样和溶液中没有杂质的基础上，进行纳米泡醇水交换成核实验。首先分析乙醇溶液浸润时间对纳米泡生成形态的影响。具体实验参数见表 2-1 中方案 1：浸没之后立即抽取（0 min）或者等待 5/15/25 min 后抽取，使乙醇溶液没有残留，然后向培养皿底部加入超纯水浸没 HOPG 表面，通过 AFM 测试来观察纳米泡的分布形态，如图 2-4～图 2-7 所示。

由图 2-4(a)、图 2-5(a)、图 2-6(a)、图 2-7(a)可以看到，HOPG 表面均出现了散状分布的白色圆点和白色透明圆块，代表通过不同乙醇浸润时间的醇水交换后 HOPG 表面均有纳米泡产生。同时可以观察到纳米泡呈现两种形态：一种是直径大高度低的圆块，可以称为饼状纳米泡；一种是直径小高度高的圆点，可以称为帽状纳米泡。图 2-4(b)为图 2-4(a)的局部（黑色虚线框中）放大 3D 图像，可以清楚地看到纳米泡的三维几何形态。图 2-4(c)进一步勾勒出局部 3D 图像中所标记的纳米泡的横截面轮廓，显示出纳米泡的几何结构尺寸。其中轮廓 A 均为平整的 HOPG 表面轮廓形貌，便于对比突出饼状和帽状纳米泡形态。

对比图 2-4～图 2-7 的四组图，不难发现只有图 2-4 和图 2-5 中 HOPG 表面存在两种形态的纳米泡：一种直径与高度的比值大于或等于 500 的饼状纳米泡；一种直径与高度的比值小于 500 的帽状纳米泡。图 2-6 和图 2-7 中 HOPG 表面都只存在帽状纳米泡。图 2-4～图 2-7 中(d)图为 HOPG 表面纳米泡直径和高度分布区间范围的直方图。图 2-4(d)和图 2-5(d)为乙醇浸润时间为 0 min 和 5 min 时 HOPG 表面纳米泡直径和高度分布区间范围的直方图，可以清楚地看到，纳米泡呈现饼状和帽状两种形态，其中绝大部分为饼状纳米泡。乙醇浸润时间为 5 min 时，纳米泡仍然以饼状为主，但是占比相对减小，帽状纳米泡增加。随着乙醇浸润时间增加到 15 min 和 25 min，纳米泡分布如图 2-6(d)和图 2-7(d)所示，HOPG 表面上饼状纳米泡基本消失，纳米泡都为帽状形态。因此，通过对比四种乙醇浸润时间下不同直径和高度分布区间纳米泡的占比情况，我们发现，乙醇浸润时间为 0～5 min 时，饼状纳米泡占比逐渐降低，在乙醇浸润时间达到 15 min 和 25 min 时完全消失，而帽状纳米泡的占比随乙醇浸润时间延长而增多，在 15 min 和 25 min 时已全部为帽状纳米泡。

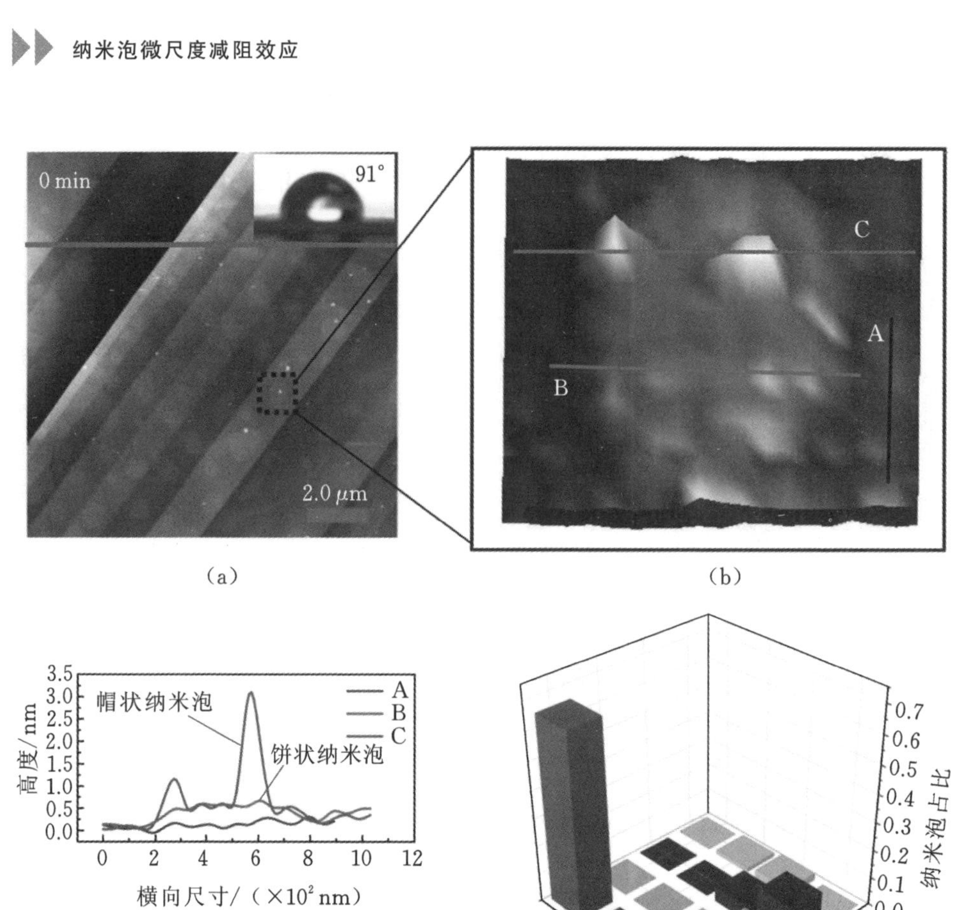

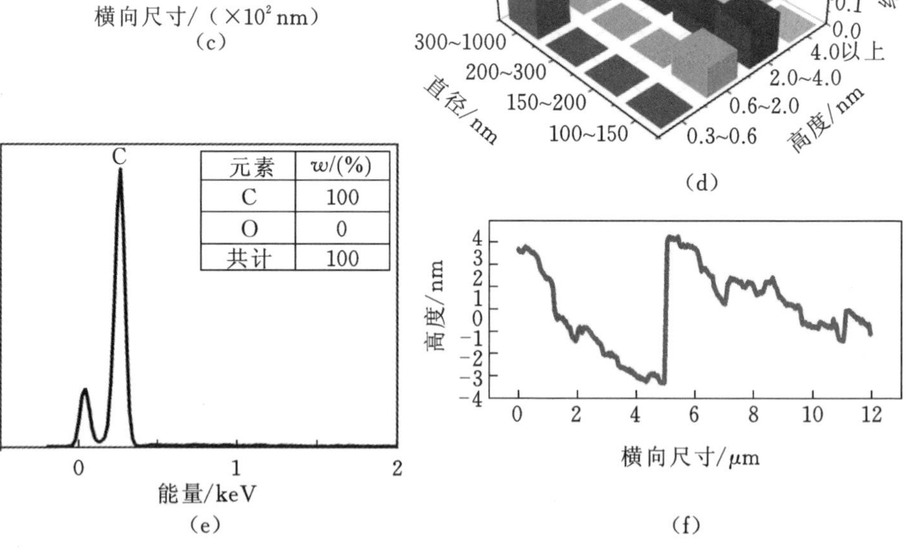

图 2-4　(a)在乙醇溶液中浸润 0 min 后产生含纳米泡的 HOPG 表面的 AFM 高度图像；(b)图(a)局部放大 3D 图像；(c)图(b)中标记线处纳米泡的二维轮廓；(d)图(a)中表面纳米泡的直径和高度分布的直方图；(e)乙醇溶液浸润 0 min 后 HOPG 表面的 EDS 图谱；(f)图(a)中实线标记的横截面轮廓(有彩图)

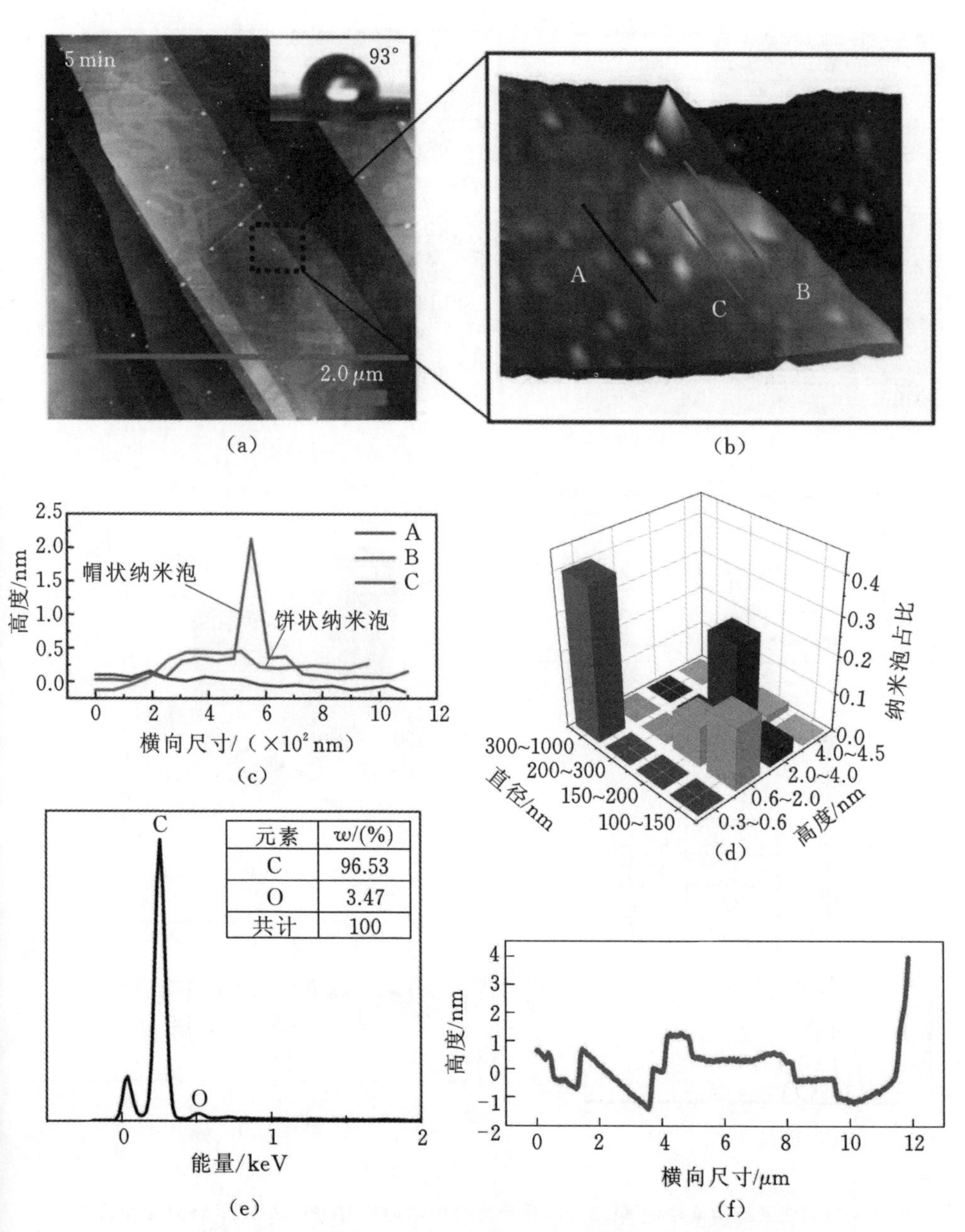

元素	w/(%)
C	96.53
O	3.47
共计	100

图 2-5　(a)在乙醇溶液中浸润 5 min 后产生含纳米泡的 HOPG 表面的 AFM 高度图像；(b)图(a)局部放大 3D 图像；(c)图(b)中标记线处纳米泡的二维轮廓；(d)图(a)中表面纳米泡的直径和高度分布的直方图；(e)乙醇溶液浸润 5 min 后 HOPG 表面的 EDS 图谱；(f)图(a)中实线标记的横截面轮廓(有彩图)

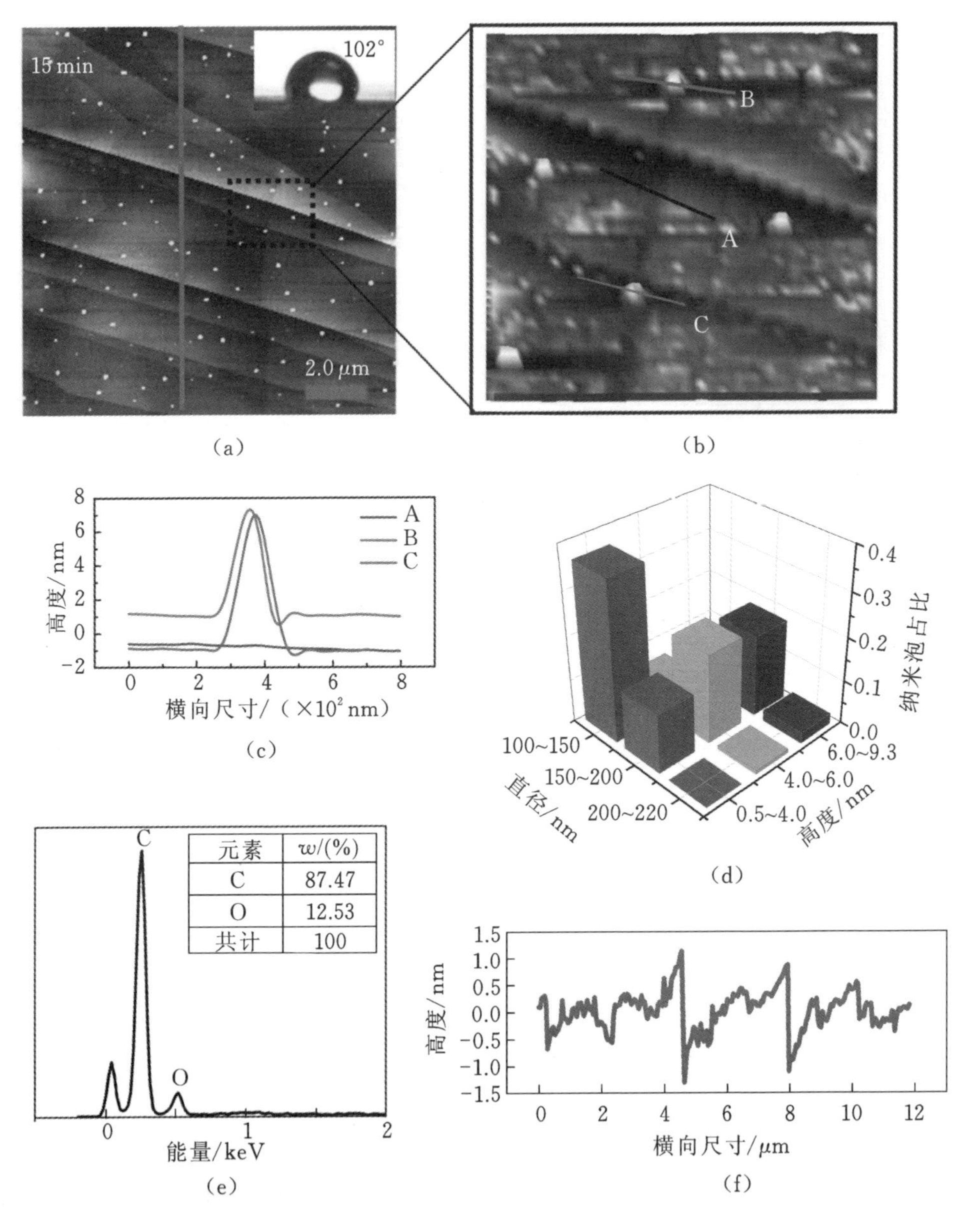

元素	w/(%)
C	87.47
O	12.53
共计	100

图 2-6 (a)在乙醇溶液中浸润 15 min 后产生含纳米泡的 HOPG 表面的 AFM 高度图像；(b)图(a)局部放大 3D 图像；(c)图(b)中标记线处纳米泡的二维轮廓；(d)图(a)中表面纳米泡的直径和高度分布的直方图；(e)乙醇溶液浸润 15 min 后 HOPG 表面的 EDS 图谱；(f)图(a)中实线标记的横截面轮廓(有彩图)

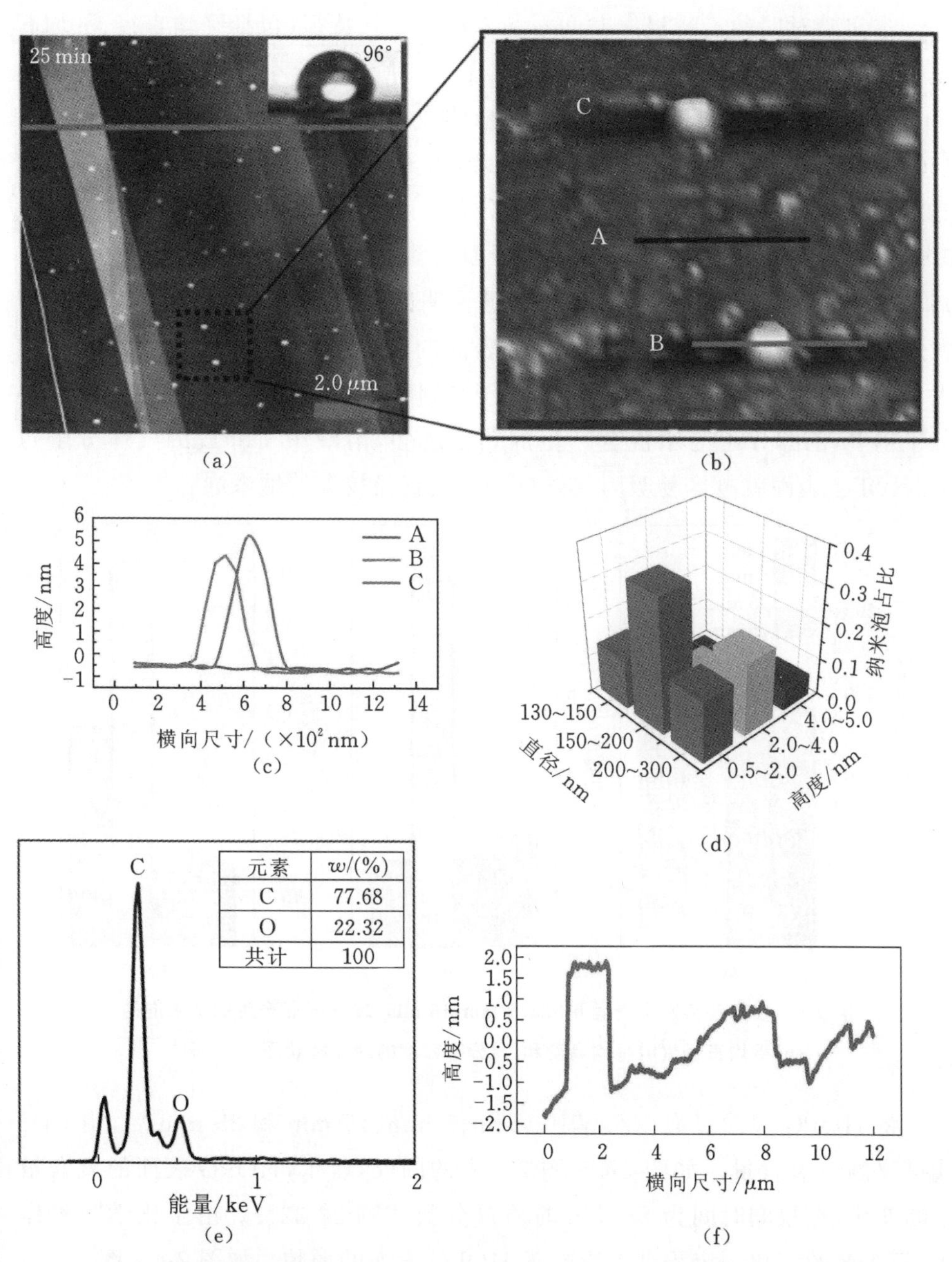

元素	w/(%)
C	77.68
O	22.32
共计	100

图 2-7　(a)在乙醇溶液中浸润 25 min 后产生含纳米泡的 HOPG 表面的 AFM 高度图像；(b)图(a)局部放大 3D 图像；(c)图(b)中标记线处纳米泡的二维轮廓；(d)图(a)中表面纳米泡的直径和高度分布的直方图；(e)乙醇溶液浸润 25 min 后 HOPG 表面的 EDS 图谱；(f)图(a)中实线标记的横截面轮廓(有彩图)

本实验对四种乙醇浸润时间下纳米泡的形状特征(包括平均直径、平均高度和分布密度)进行了统计分析。如图 2-8 所示,当乙醇浸润时间分别为 0 min、5 min、15 min、25 min 时,纳米泡的平均直径分别为 143.071 nm、160.762 nm、170.661 nm、214.626 nm;纳米泡的平均高度分别为 2.677 nm、2.193 nm、8.669 nm、2.061 nm;纳米泡的分布密度分别为 0.181 μm^{-2}、0.208 μm^{-2}、0.819 μm^{-2}、0.465 μm^{-2}。通过计算可以得到平均直径与平均高度的比值分别为 53.444、70.307、19.686、104.137,这说明四个表面的纳米泡总体都呈现帽状形态。结果表明:乙醇浸润 HOPG 表面的时间越长,纳米泡的平均直径越大。这是因为在一定时间范围内乙醇浸润时间越长,HOPG 表面吸附的乙醇分子越多,乙醇分子与水混合产生的热量越多,溶液中所释放的气体分子越多,HOPG 表面就越容易吸附气体分子形成直径较大的纳米泡。

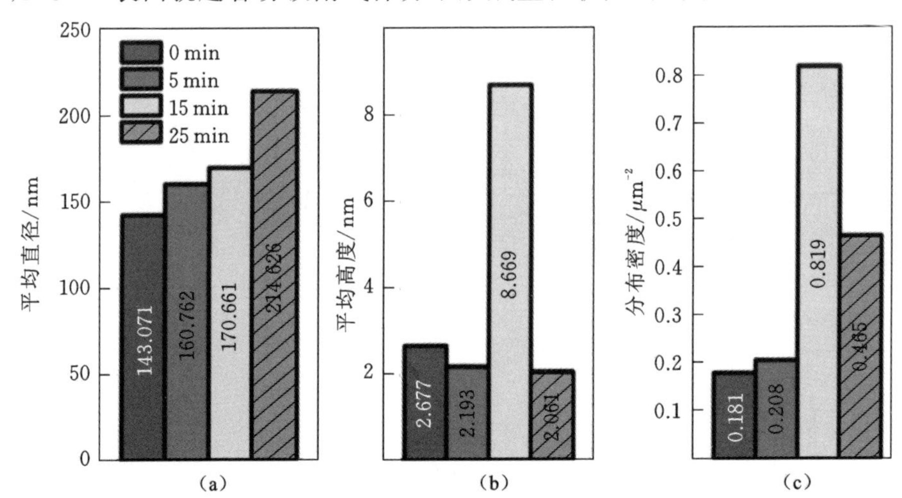

图 2-8 在乙醇溶液中浸润 0 min、5 min、15 min、25 min 后产生的纳米泡的(a)平均直径、(b)平均高度和(c)分布密度的对比柱状图(有彩图)

将 HOPG 表面浸泡在乙醇中 0 min、5 min、15 min 和 25 min 后,用 EDS 能谱仪测量氧含量。如图 2-4～图 2-7 中的图(e)所示,HOPG 表面的氧含量不断变化,在浸润时间为 25 min 时质量分数达到 22.32%。由于化学吸附作用,氧含量的变化一定程度上影响了 HOPG 表面的形貌。如图 2-4～图 2-7 所示,AFM 图像和横截面轮廓清晰地描述了 HOPG 表面的形貌,数据表明乙醇浸润时间为 15 min 时 HOPG 表面纹理的波动频率和波动幅值最大。实验依次测量了在乙醇溶液中浸润 0 min、5 min、15 min、25 min 后 HOPG 表面的接触角，分别为 91°、93°、102°和 96°，如图 2-4～图 2-7 中的图(a)所示。当乙醇浸润时间为 25 min 时，HOPG 表面疏水性能降低，诱导气体分子在 HOPG 表面聚集的能力降低，从而导致纳米泡的高度或分布密度降低，因此，不断延长乙醇浸润时间会减小纳米泡的高度和分布密度。结果表明，当乙醇在 HOPG 表面浸润 15 min 时，纳米泡的分布密度和平均高度明显高于其他浸润时间。

从图 2-8 中我们得到了纳米泡的平均直径和平均高度，由此可以推得纳米泡的覆盖率。通过计算，乙醇浸润时间为 0 min、5 min、15 min、25 min 时纳米泡的等效气体膜厚度分别为 0.008 nm、0.010 nm、0.147 nm、0.036 nm。等效气体膜厚度的误差范围在 0.2%～0.4%之间。等效气体膜厚度随乙醇浸润时间的变化趋势如图 2-9 所示。很明显，HOPG 表面在乙醇中浸润 0 min 和 5 min 时所产生的等效气体膜厚度小于浸润时间为 15 min 和 25 min 时所产生的等效气体膜厚度。这是由于相比于帽状纳米泡，饼状纳米泡的高度(0.3～0.6 nm)限制了其等效气体膜厚度。浸泡时间为 15 min 时等效气体膜厚度最大，这是因为浸润 15 min 时纳米泡的分布密度最大，使得纳米泡的覆盖面积最优。

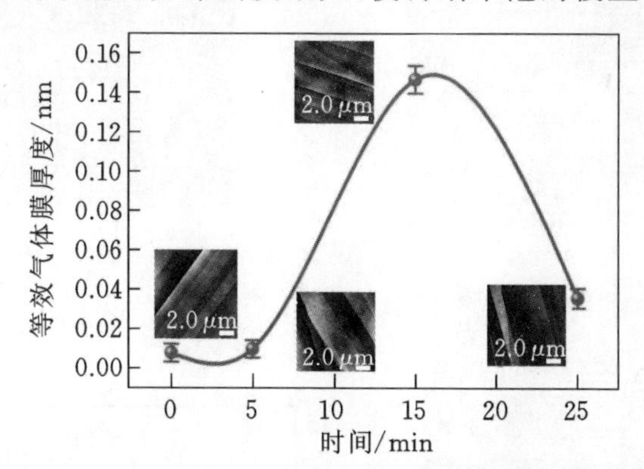

图 2-9　乙醇溶液浸润 HOPG 表面时间与纳米泡等效气体膜厚度的变化规律(有彩图)

2.2.3　超纯水浸没位置对 HOPG 表面纳米泡分布形态的影响

乙醇浸润时间对纳米泡分布形态的影响实验表明：在乙醇中浸润 15 min 时，等效气体膜厚度最大，会产生最佳滑移效应。为了进一步增大气体膜厚度，本小节将乙醇浸润时间固定为 15 min，研究超纯水的浸没位置对纳米泡生成形态的影响。具体实验参数如表 2-1 中方案 2：乙醇浸润 15 min 后抽取，使乙醇溶液没有残留，然后往 HOPG 表面加入超纯水浸没 HOPG 表面，通过

AFM 测试来观察纳米泡的分布形态，如图 2-10 所示。从图 2-10(b)可以看到，相对于图 2-10(a)，HOPG 表面原位出现了散状分布的白色圆点，表明通过超纯水的浸没位置为 HOPG 表面的醇水交换后，HOPG 表面也产生了纳米泡。图 2-10(c)为图 2-10(b)的 3D 图像，可以清楚地看到全部纳米泡的三维几何形态，纳米泡均明显地凸起，呈现出帽状形态。图 2-10(d)勾勒出 3D 图像中所标记的纳米泡的横截面轮廓，轮廓显示纳米泡直径与高度的比值为 32，证实为典型的帽状纳米泡。图 2-10(e)为 HOPG 表面纳米泡直径和高度分布区间的直方图。纳米泡的形态集中在五个区间，通过计算，直径与高度的比值均小于 500，为帽状纳米泡。

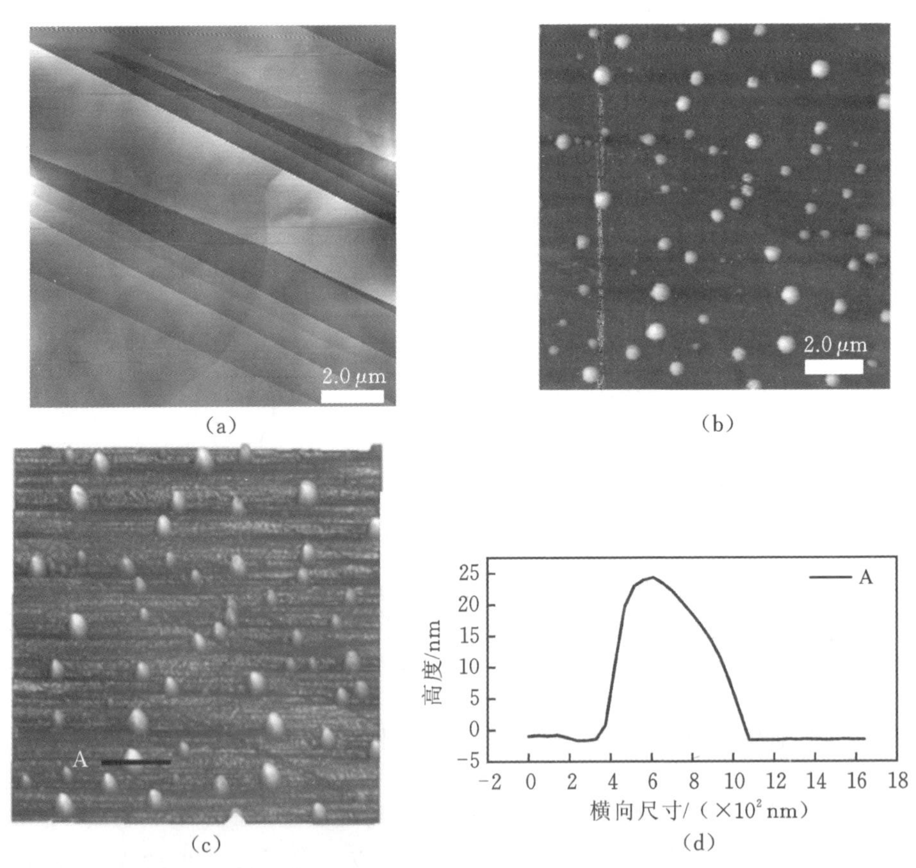

图 2-10 (a)室温下超纯水中 HOPG 表面的 AFM 高度图像；(b)乙醇浸润 15 min 和无乙醇残留量时带有纳米泡的 HOPG 表面的 AFM 高度图像；(c)图(b)的 3D 图像；(d)图(c)中标记的纳米泡的二维轮廓；(e)图(b)中表面纳米泡的直径和高度分布直方图；(f) 图(b)中纳米泡的平均直径、平均高度、分布密度和滑移长度(有彩图)

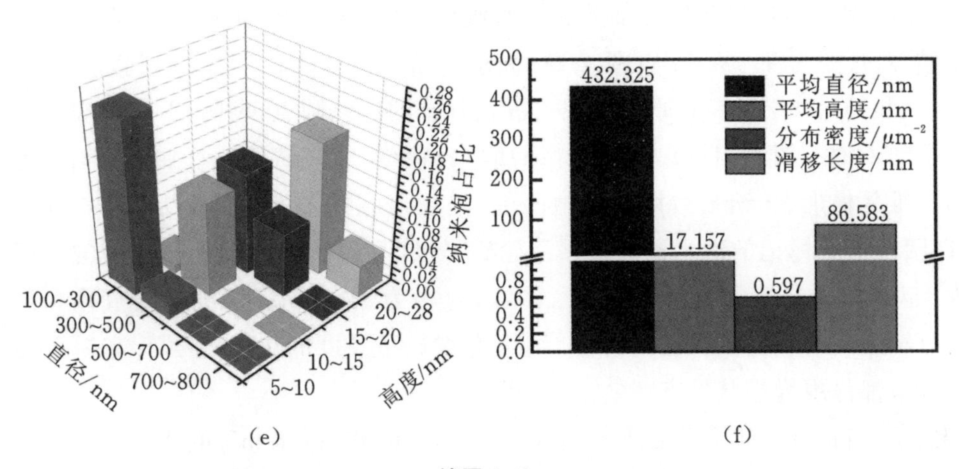

(e)　　　　(f)

续图 2-10

图 2-10(f)统计了在超纯水的浸没位置为 HOPG 表面时所产生纳米泡的平均直径、平均高度和分布密度。纳米泡的平均直径为 432.325 nm，平均高度和分布密度分别为 17.157 nm 和 0.597 μm^{-2}。通过计算得到等效气体膜厚度为1.767 nm，滑移长度为 86.583 nm。对比图 2-8 中乙醇浸润时间为 15 min 时纳米泡的平均直径和平均高度，结果显示在超纯水的浸没位置为 HOPG 表面时所产生纳米泡的平均直径和平均高度要远大于在培养皿底部滴加超纯水时所产生纳米泡的平均直径和平均高度。分析认为，醇水反应产生热量，释放气体分子而形成纳米泡，而超纯水浸没的位置会对超纯水浸没速度产生影响。当直接在 HOPG 表面滴加超纯水时，超纯水会以很快的速度与乙醇反应；当在培养皿底部滴加超纯水时，超纯水会沿着 HOPG 边缘缓慢浸没 HOPG 表面，然后才能与乙醇反应，这种速度差异决定着乙醇和水反应释放热量的快慢，释放热量越快，在短时间内溶液中的气体分子释放就越多，越容易形成纳米泡。因此，超纯水浸没在 HOPG 表面相比于在培养皿底部浸没能进一步增大纳米泡的高度和直径。

2.2.4　乙醇浸润时间与乙醇残留量耦合对纳米泡分布形态的影响

在研究超纯水浸没位置为 HOPG 表面对纳米泡分布形态影响的同时，进一步研究最优乙醇浸润时间与乙醇残留量的耦合对纳米泡生成形态的影响。具体实验参数如表 2-1 中方案 3：乙醇浸润 15 min 后抽取，使乙醇溶液残留

0.6 mL,然后向培养皿底部加入超纯水浸没 HOPG 表面,通过 AFM 测试来观察纳米泡的分布形态,如图 2-11 所示。从图 2-11(b)可以看到,相对于图 2-11(a),HOPG 表面原位出现了散状分布的白色圆点,表明 HOPG 表面产生了纳米泡。图 2-11(c)为图 2-11(b)的 3D 图像,可以清楚地看到全部纳米泡的三维几何形态,纳米泡均明显地凸起,呈现出帽状形态。图 2-11(d)勾勒出 3D 图像中所标记的纳米泡的横截面轮廓,轮廓显示纳米泡直径与高度的比值为 45,证实为典型的帽状纳米泡。图 2-11(e)为 HOPG 表面纳米泡直径和高度分布区间的直方图。通过计算,纳米泡直径与高度的比值均小于 500,可见纳米泡都呈现为帽状形态。

图 2-11(f)统计了在乙醇浸润 15 min 与乙醇残留 0.6 mL 的条件下所产生纳米泡的平均直径、平均高度和分布密度。纳米泡的平均直径为 628.658 nm,

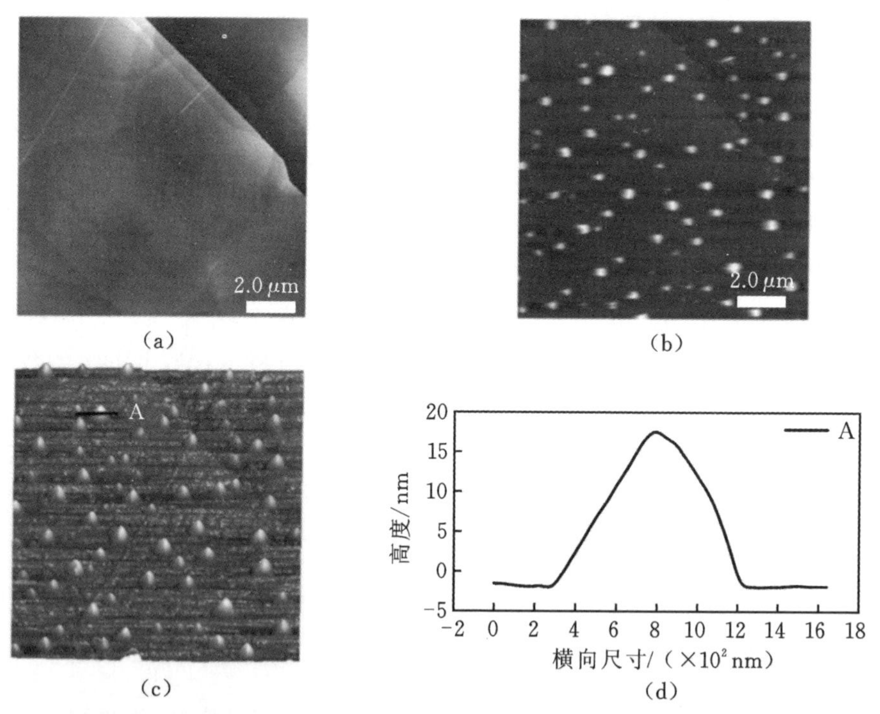

图 2-11 (a)室温下超纯水中 HOPG 表面的 AFM 高度图像;(b)乙醇浸润 15 min 和 0.6 mL 乙醇残留量时带有纳米泡的 HOPG 表面的 AFM 高度图像;(c)图(b)的 3D 图像;(d)图(c)中标记的纳米泡的二维轮廓;(e)图(b)的表面纳米泡的直径和高度分布直方图;(f)图(b)的纳米泡的平均直径、平均高度、分布密度和滑移长度(有彩图)

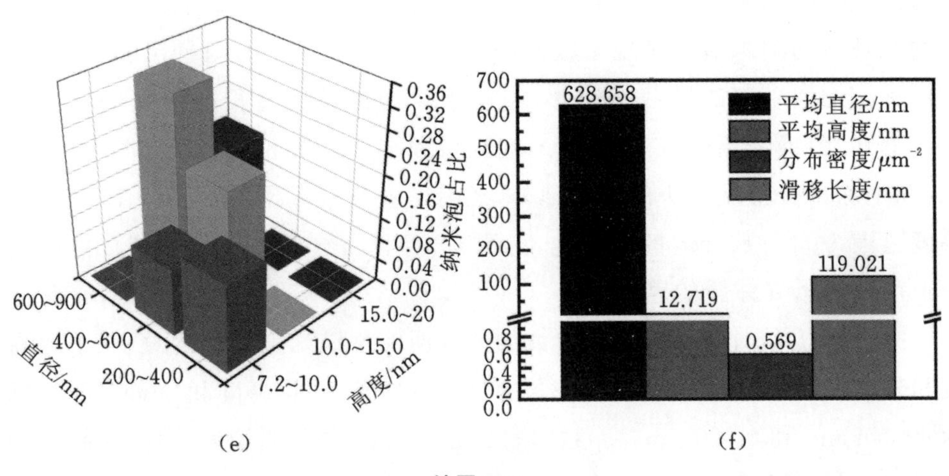

(e)　　(f)

续图 2-11

平均高度和分布密度分别为 12.719 nm 和 0.569 μm^{-2}。通过计算得到等效气体膜厚度为 2.429 nm，滑移长度为 119.021 nm。对比图 2-8 中乙醇浸润时间为 15 min 时纳米泡的平均直径和平均高度，本方案所产生纳米泡的平均直径和平均高度要远大于方案 2 所产生纳米泡的平均直径和平均高度。这表明除了超纯水浸没的位置能有效地增大纳米泡的高度和直径外，乙醇浸润时间与乙醇残留量的耦合也同样能实现纳米泡的高度和直径的增加。这可以解释为当在培养皿底部滴加超纯水时，培养皿底部的乙醇残留量会首先和超纯水混合产生热量从而释放溶液中的一部分气体，当超纯水浸没 HOPG 表面时，超纯水会和 HOPG 表面吸附的乙醇分子反应产生热量，再次释放溶液中的气体，大量的气体分子被 HOPG 表面吸附，因此 HOPG 表面上出现了较大的纳米泡。

2.2.5　最优实验参数耦合对纳米泡分布形态的影响

最后，我们研究了最优乙醇浸润时间、最优乙醇残留量与最优超纯水浸没位置的耦合对纳米泡生成形态的影响。具体实验参数如表 2-1 中方案 4：乙醇浸润 15 min 后抽取，使乙醇溶液残留 0.6 mL，然后向 HOPG 表面滴加超纯水浸没 HOPG 表面，通过 AFM 测试来观察纳米泡的分布形态，如图 2-12 所示。图 2-12(a)中 HOPG 表面上散状分布的白色圆点显示出了表面纳米泡的成核状态，表明 HOPG 表面产生了纳米泡。通过图 2-12(b)和图 2-12(c)，可以清楚地观察到纳米泡是呈现帽状几何形态的。图 2-12(d)勾勒出图 2-12(c)中所标记的纳米泡的横截面轮廓，帽状纳米泡的轮廓直径与高度的比值为 20。图 2-12(e)为 HOPG 表面纳米泡直径和高度分布区间的直方图，可以看到，图中除了有常规大小的纳米泡外，还有一些直径范围为 1000～1500 nm、高度范围为 60～85 nm 的微气泡，占比为 5.8%。这些微气泡的存在可以极大地增加纳米气体膜的厚度。

图 2-12(f)统计了最优实验参数的耦合所产生纳米泡的平均直径、平均高度和分布密度。纳米泡的平均直径为 715.961 nm，平均高度和分布密度分别为 42.471 nm 和 0.826 μm^{-2}。对比图 2-8(15 min)中纳米泡的平均直径、平均高度和分布密度，不难发现方案 4 中所产生纳米泡的平均直径、平均高度和分布密度均优于其他实验方案。经计算，所产生纳米泡的等效气体膜厚度和滑移长度分别为 16.099 nm 和 788.858 nm。通过层层推进的实验方案，依次确定乙醇浸润时间、超纯水浸没位置和乙醇残留量的最优方案，一步步地提升了纳米气体膜的等效厚度。最终得到最优的实验参数为：乙醇浸润 15 min，乙醇残留0.6 mL与超纯水沿 HOPG 表面浸没。

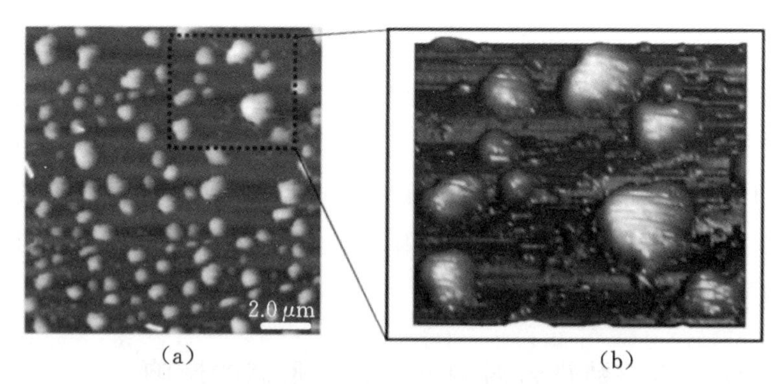

图 2-12　(a)室温下 15 min 浸润时间、0.6 mL 乙醇残留量和 HOPG 表面加入超纯水后 HOPG 表面 AFM 高度图像；(b)图(a)中局部放大的纳米泡 3D 图像；(c)图(a)的 3D 图像；(d)图(c)中标记的纳米泡的二维轮廓；(e) 图(b)的表面纳米泡的直径和高度分布直方图；(f) 图(b)的纳米泡的平均直径、平均高度、分布密度和滑移长度(有彩图)

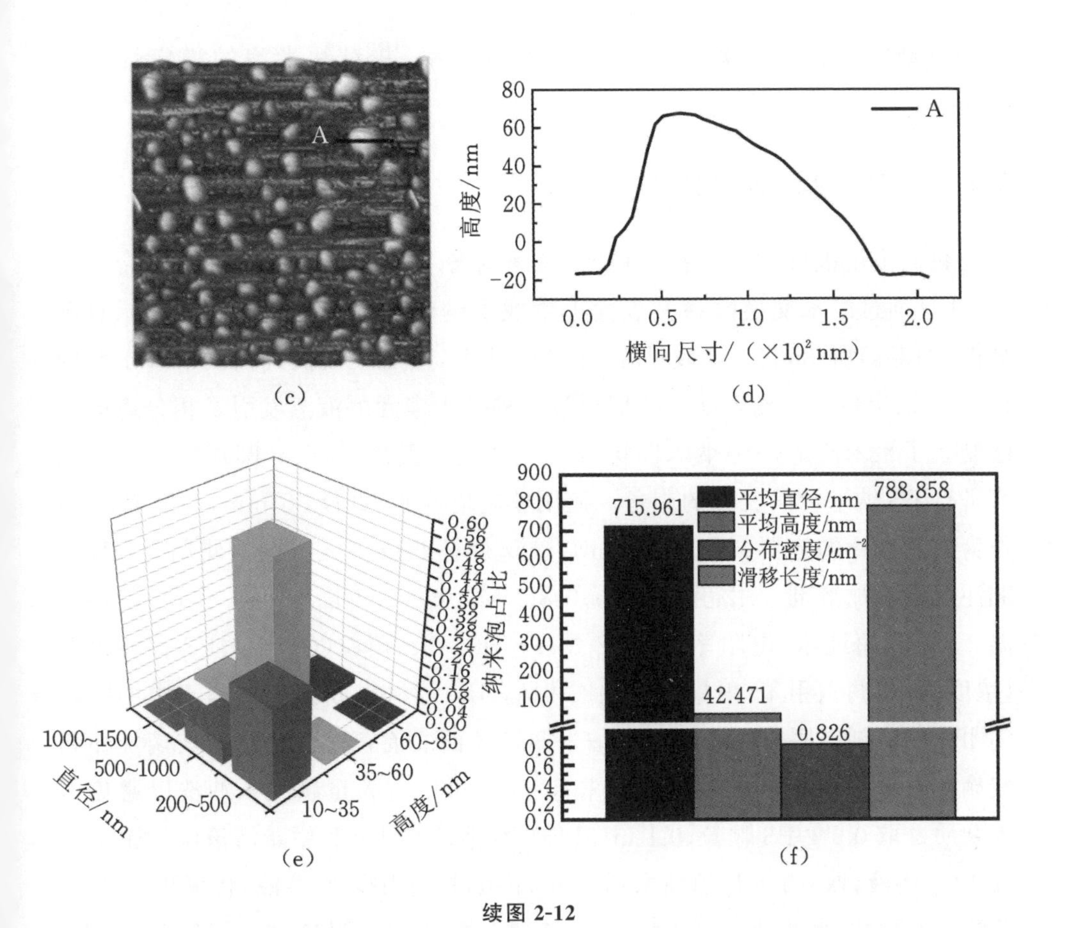

续图 2-12

本研究通过醇水交换法的 AFM 液下实验观察到 HOPG 表面存在纳米泡,并对纳米泡分布的实验参数进行了分析和讨论,探讨了基于疏水微纳结构的界面诱导纳米泡的成核机理,提出了优化纳米泡的实验参数耦合方法。

2.3 基于微结构疏水界面的纳米泡分布形态及动态稳定性实验方法

接下来研究不同微结构表面的润湿性对壁面纳米泡分布形态的影响。为了研究不同形貌的疏水表面对纳米泡稳定性的影响,这里先通过机械剥离法和多元溶液蒸发引发相分离的方法在疏水表面上制备不同的纳米结构,再通过 2.1 节的醇水交换法测试不同的纳米结构疏水表面上的纳米泡在不同时刻的体积变化规律及纳米泡的覆盖率，并对纳米泡的稳定性进行分析。

2.3.1 微结构表面的制备

我们采用机械剥离法在HOPG表面制备了相对平整结构和纳米台阶结构，并且通过醇水交换法在其表面上生成了纳米泡。机械剥离法操作示意图如图2-13(a)所示，将3M胶贴在HOPG块上，然后缓慢揭开从而解离出新的HOPG纳米台阶结构表面。我们通过一种基于多元溶液蒸发引发相分离的方法制备了聚苯乙烯(PS)纳米凹坑表面。这里取直径35 mm圆形硅片作为基底进行PS纳米台阶表面的制备。使用玻璃培养皿(直径35 mm，高度5 mm)作为盛放硅片的容器。使用500 mL玻璃烧杯盛放多元溶剂。使用5 mL玻璃注射器滴加溶剂。用超纯水系统(18.2 MΩ·cm，英国ELGA公司)制备常温25 ℃的超纯水，电阻率为18.2 MΩ·cm。PS颗粒(GPPS)、PS颗粒溶液(浓度为2.5%)、甲苯、丙酮、乙醇(99.9%，GR)等材料或试剂均购于中国国药集团化学试剂有限公司。在制备纳米凹坑表面之前，玻璃培养皿、玻璃烧杯和玻璃注射器均用超声波清洗仪清洗10 min，再使用大量超纯水冲洗以避免引入杂质。取0.2 g PS颗粒、0.1 mL PS颗粒溶液和1 mL甲苯溶液配制聚苯乙烯-甲苯溶液，取0.1 mL超纯水和1 mL丙酮配制丙酮-水溶液，将聚苯乙烯-甲苯溶液和丙酮-水溶液按照体积比3∶1进行配比用于制备PS纳米凹坑表面。将上述配制好的多元溶液滴加在硅表面上，然后放置在60 ℃真空干燥箱中蒸发10 min。多元溶液蒸发引发相分离法的流程如图2-13(b)所示。由于丙酮、甲苯和超纯水具有不同的蒸发速率与密度，丙酮会率先蒸发完毕，在丙酮蒸发的过程中聚苯乙烯颗粒会溶入甲苯中，此时，溶液环境会变成甲苯-聚苯乙烯混合溶液。因为水与甲苯不相溶，会在硅基底表面成核形成纳米级水滴。然后甲苯会先于水蒸发完毕，此时会在硅基底表面生成聚苯乙烯薄膜。纳米水滴蒸发完后，在纳米水滴的位置会形成纳米级凹坑。最后，采用前述的测试方法对制备好的纳米结构表面进行纳米泡分布观察和稳定性测试。

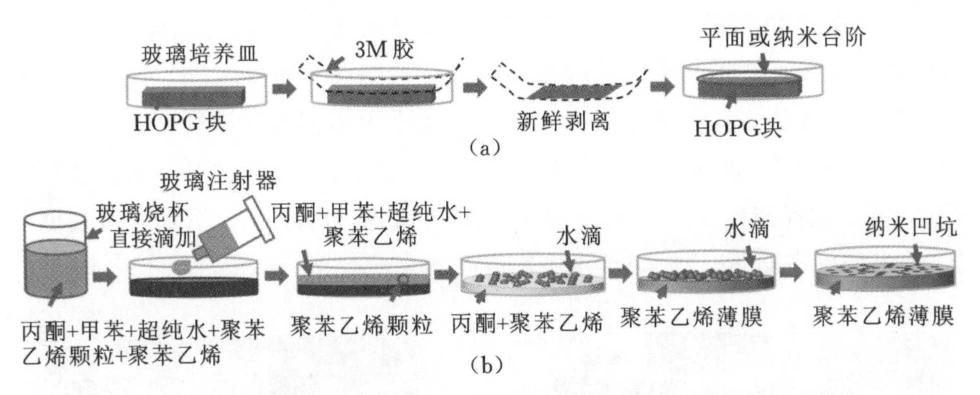

图 2-13 (a)机械剥离法生成纳米台阶结构表面的流程图;(b)多元溶液蒸发引发相分离法制备纳米凹坑的流程图

2.3.2 表面疏水微结构对界面纳米泡分布形态及动态稳定性影响研究

1. 表面疏水性及结构表征

首先,我们测量了所制备的 HOPG 表面和 PS 表面的疏水性能,表面接触角结果如图 2-14 中各个图的右上角所示。结果表明,HOPG 表面和 PS 表面的表面接触角在 92°～102°之间,均为疏水表面。其次,通过 AFM 对表面结构形貌进行表征,结果如图 2-14 所示。图 2-14 为不同台阶结构的 HOPG 表面和 PS 凹坑表面在超纯水下的 AFM 高度图像。黑色虚线框区域的放大 3D 图如图 2-14 中加粗黑色实线框所示,可以清楚地看到疏水表面结构的三维几何形态。黑色虚线框区域内分别使用红色实线、蓝色实线、橙色实线和绿色实线表示截面轮廓位置。

图 2-15 显示了超纯水下疏水表面实线位置截面的高度轮廓形貌。如图 2-15(a)所示,曲线在高度范围为－2.0～2.5 nm 内几乎为一条直线,因此可以认为红色实线位置截面的轮廓形貌基本为同等高度,为相对平整的疏水表面。在高度范围同为－2.0～2.5 nm 的情况下,图 2-15(b)所示曲线上下波动幅度非常大,类似台阶,这说明蓝色实线位置截面的轮廓形貌为典型的纳米台阶疏水表面。在图 2-14(b)中,黄色虚线区域为纳米台阶,曲线的波动幅度和波动次数分别代表 HOPG 表面纳米台阶的高度和纳米台阶的个数。在图 2-15(b)中,

用红色箭头及红色数字1、2、3分别标注了3个纳米台阶的位置，图2-14(b)中对应勾画出了3个纳米台阶的位置和形貌。从图2-15(c)曲线图可以看出，橙色和绿色实线位置截面的轮廓形貌显示了4个大小不等的凹坑。这4个凹坑的深度范围为5～20 nm，直径范围为200～300 nm。除此之外，图2-14所示AFM高度图像清楚显示了纯净的HOPG平整表面、HOPG纳米台阶表面和PS纳米凹坑表面，这说明超纯水中没有杂质。

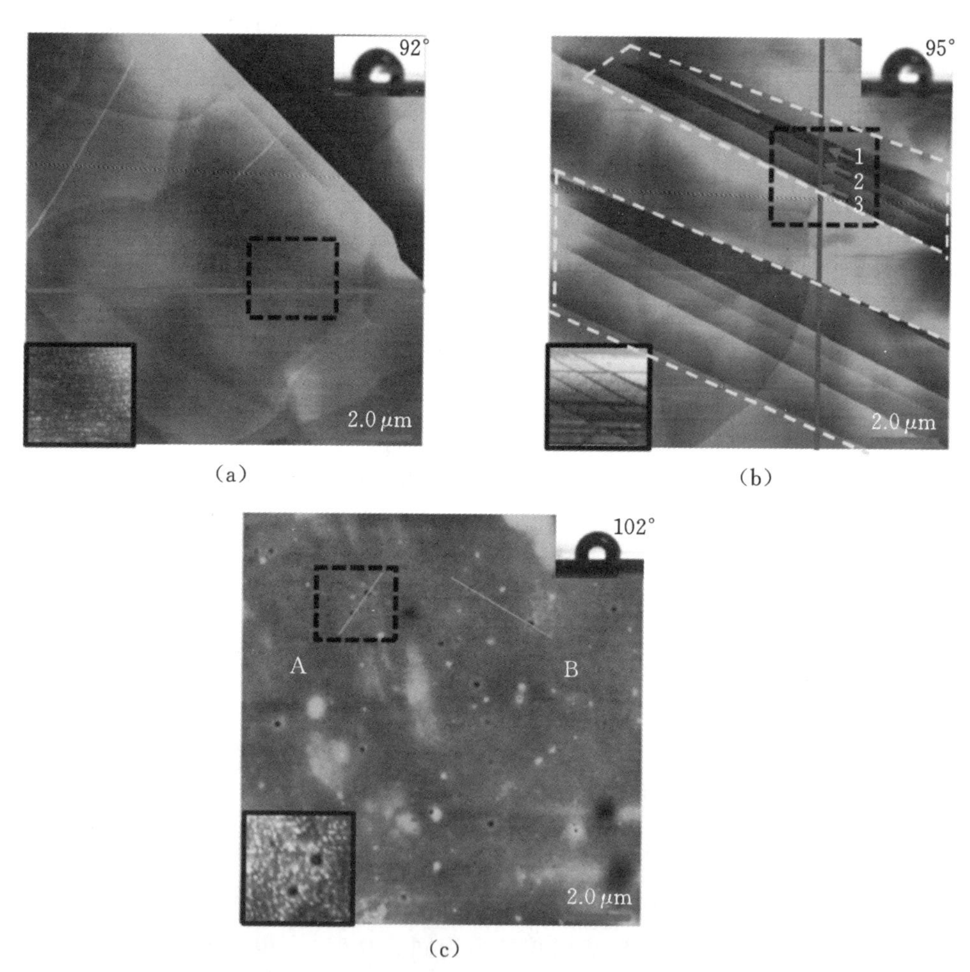

图2-14　室温下超纯水中的(a)HOPG平面、(b)HOPG台阶和(c)PS凹坑形貌的AFM高度图像、静态接触角和黑色虚线框的局部放大图像(有彩图)

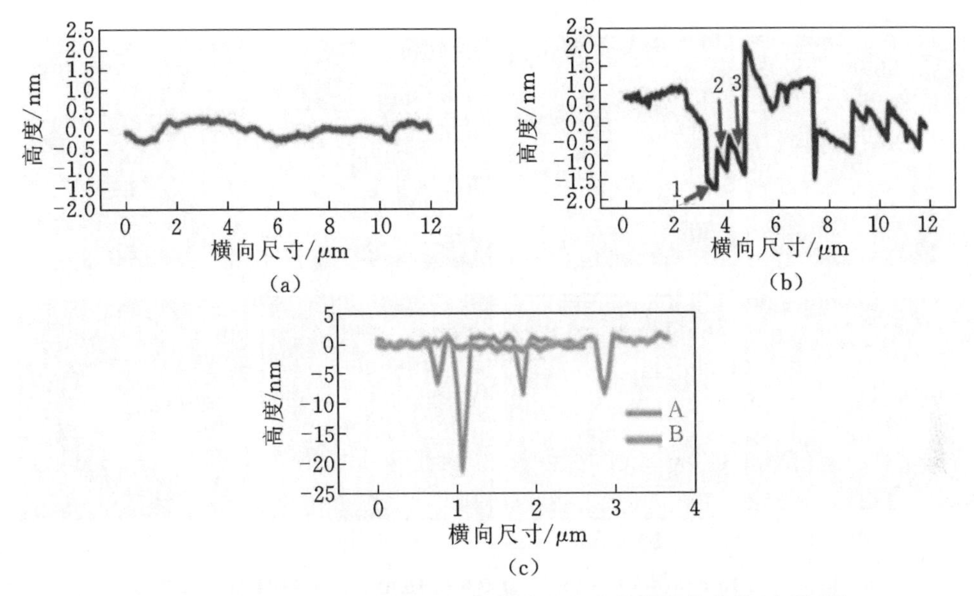

图 2-15 对应图 2-14 中红线、蓝线、绿线和橙线的截面轮廓线(有彩图)

2. HOPG 平整疏水表面上纳米泡的稳定性研究

在干净平整的 HOPG 疏水表面进行醇水交换气体成核实验 10 min 后,原位 AFM 成像结果如图 2-16(a)所示,可以看到相对于图 2-14(a)干净平整的 HOPG 疏水表面,图 2-16(a)中出现了散状分布的圆点,这说明通过醇水交换实验后在 HOPG 疏水表面有纳米泡产生。实验进一步观察了纳米泡在 4.5 h、12 h 和 21.5 h 的 AFM 图像,结果如图 2-16 所示。在图 2-16 中,下图分别是上图的局部(黑色虚线框)放大 3D 图像,且图中的黑色虚线框面积均为 2.5 μm×2.5 μm,与图 2-14(a)中的黑色虚线框位置保持一致。

在图 2-16(a)的放大图中可以清楚地看到 4 个大小不等的三维几何形态纳米泡出现在平整的 HOPG 疏水表面上,我们分别用 A(黑色)、B(红色)、C(蓝色)和 D(绿色)标记 4 个纳米泡。对 A、B、C 和 D 4 个纳米泡的横向尺寸和高度进行测量和分析,其横向尺寸和高度如图 2-17(a)所示。A、B、C 和 D 纳米泡的横向尺寸分别约为 500 nm、400 nm、250 nm 和 250 nm,高度分别为 17 nm、14 nm、10 nm 和 7 nm。通过对比不难发现,这 4 个纳米泡的尺寸从大到小依次为 A、B、C 和 D。从图 2-17(b)至图 2-17(d)显示的纳米泡随时间演变的过程中不难发现:A 纳米泡一直存在;B 纳米泡随着时间的延长逐渐减小

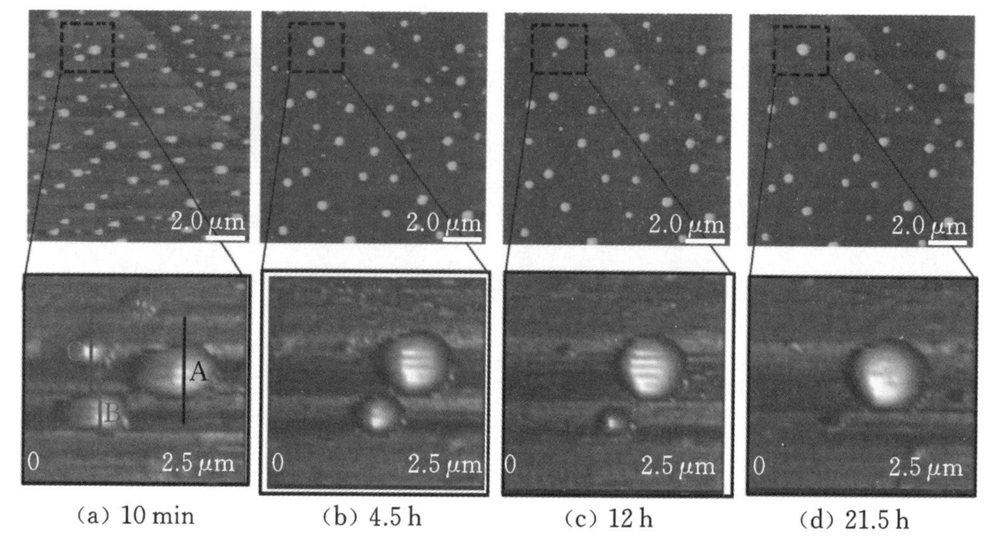

(a) 10 min　　(b) 4.5 h　　(c) 12 h　　(d) 21.5 h

图 2-16　醇水交换 10 min、4.5 h、12 h 和 21.5 h 后 HOPG 平面 AFM 高度图像(有彩图)

至消失;C 和 D 纳米泡在 4.5 h 消失不见。为了更加准确地描述其变化规律,本实验进一步测量了 A、B、C 和 D 纳米泡在 10 min、4.5 h、12 h 和 21.5 h 的截面轮廓尺寸。从图 2-17(b)可以看出,从 10 min、4.5 h 至 12 h 时,A 纳米泡横向尺寸由 500 nm、650 nm 增长到 660 nm,高度由 17 nm、18 nm 增长到 19 nm,A 纳米泡随着时间延长不断长大。之后,当时间为 21.5 h 时,A 纳米泡横向尺寸和高度相对 12 h 时几乎没有变化,这表明表面纳米泡非常稳定。从图 2-17(c)可以看出,从 10 min、4.5 h、12 h 至 21.5 h 时,B 纳米泡横向尺寸从 400 nm、350 nm、270 nm 减小至 0,高度从 14 nm、12 nm、8 nm 减小至 0,说明 B 纳米泡随着时间的延长而减小最终消失。由图 2-17(d)可知,C 纳米泡从 10 min 至 4.5 h 时横向尺寸从 250 nm 减小至 0,高度从 10 nm 减小至 0;D 纳米泡从 10 min 至 4.5 h 时横向尺寸从 250 nm 减小至 0,高度从 7 nm 减小至 0。这说明 C 和 D 纳米泡会随着时间的推移而消失。结果表明:平整表面的纳米泡存在着马太效应,较大的 A 纳米泡的横向尺寸和高度随着较小的 B、C、D 纳米泡的减小消失而增大。这可以理解为壁面纳米泡的质量守恒,由于内部压差邻近区域内大体积纳米泡易于牵引小体积纳米泡的气体转移,从而获取充足的气体以延长自身寿命和提高稳定性。

为了进一步揭示邻域区内界面纳米泡的质量守恒性,这里定义帽状界面

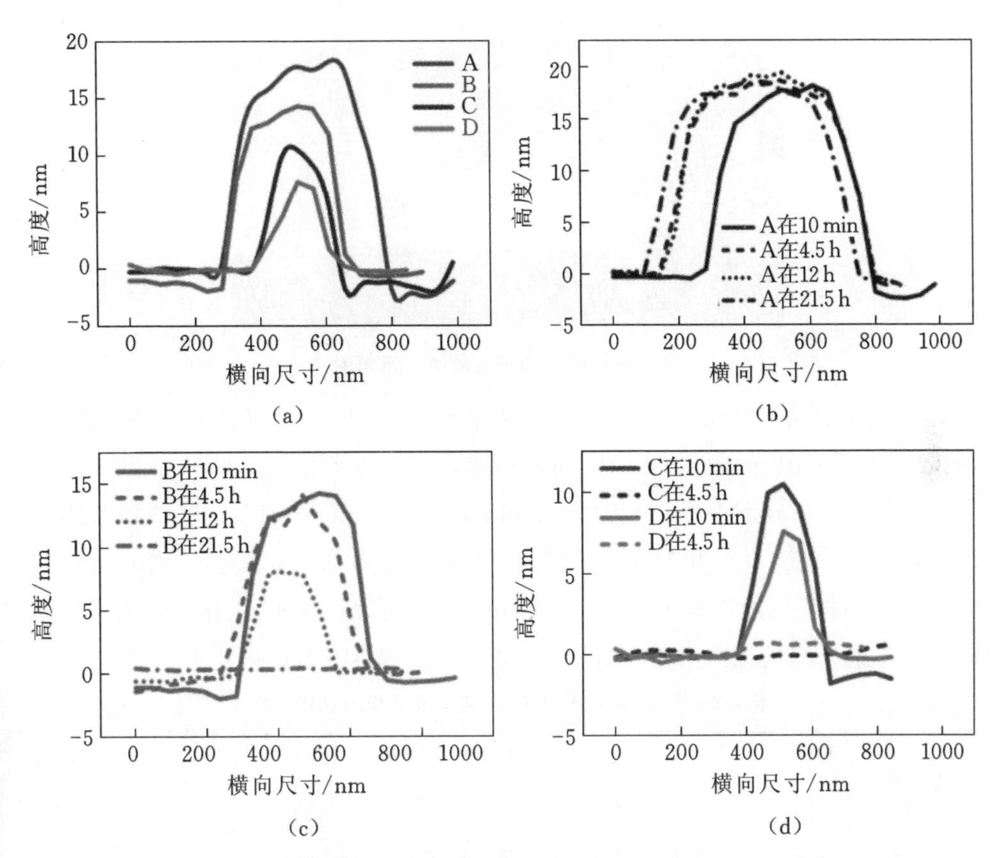

图 2-17　(a)图 2-16(a)放大图中表面纳米泡的截面轮廓图；(b)～(d)分别为 A、B、C 和 D 纳米泡在 10 min、4.5 h、12 h 和 21.5 h 时的截面轮廓图(有彩图)

纳米泡的示意图如图 2-18 所示，H 为界面纳米泡的高度，r 为三相接触线半径。图 2-16(a)中疏水表面纳米泡横向尺寸范围为 0～900 nm，高度范围为 0～20 nm，为典型的帽状。因此，这里帽状界面纳米泡的体积可以表示为

$$V_i = \pi \times H \times \frac{3r^2 + H^2}{6} \tag{2-1}$$

为了探究变小的 B、C、D 纳米泡的气体泄漏量与 A 纳米泡的增大量是否等价，我们通过公式(2-1)计算了 A、B、C 和 D 纳米泡分别在 10 min、4.5 h、12 h 和 21.5 h 时的体积，结果如表 2-2 所示。随着时间从 10 min、4.5 h 变化至 12 h，A 纳米泡体积从 16.71×10^5 nm^3、22.88×10^5 nm^3 增加到 25.52×10^5 nm^3。随后，对比 A 纳米泡在 12 h 与 21.5 h 时的体积，不难发现 21.5 h 时体积仅仅减小了 0.97×10^5 nm^3，基本维持不变，说明 A 纳米泡体积趋于稳定。

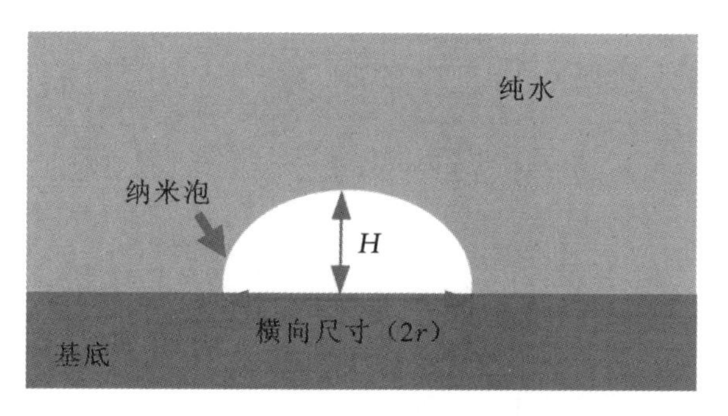

图 2-18　壁面纳米泡的结构示意图

相反，随着时间从 10 min、4.5 h、12 h 增加至 21.5 h，B 纳米泡体积从 8.80×10^5 nm^3、5.77×10^5 nm^3、2.29×10^5 nm^3 逐渐减小到 0 而消失。C 和 D 纳米泡在 10 min 中时体积分别为 2.45×10^5 nm^3 和 1.71×10^5 nm^3，在 4.5 h 时 C 和 D 纳米泡完全消失不见。B、C 和 D 纳米泡气体体积的减少总量为 12.96×10^5 nm^3，A 纳米泡气体体积的增加量为 7.84×10^5 nm^3，因此可以认为 B、C、D 纳米泡气体泄漏量与 A 纳米泡的掠取量基本等价，只是在气体交换中存在损耗。

表 2-2　图 2-16 中 A、B、C、D 纳米泡体积的定量分析

时间	气体体积 $V_i/(\times10^5\ nm^3)$			
	A	B	C	D
10 min	16.71	8.80	2.45	1.71
4.5 h	22.88	5.77	0	0
12 h	25.52	2.29	0	0
21.5 h	24.55	0	0	0

分析完图 2-16 中黑色虚线框（2.5 μm×2.5 μm）内纳米泡体积变化之后，我们把分析范围扩大到整个观察表面（12 μm×12 μm），深入分析 HOPG 平整疏水表面纳米泡的变化规律。实验统计了图 2-16 中 HOPG 平整疏水表面纳米泡的数量和直径，结果如图 2-19(a)所示。曲线表明：随着时间的延长，纳米泡的数量逐渐减少。这表明：在 HOPG 平整疏水表面上，纳米泡在不断地合并或消失。图 2-19(b)显示纳米泡在 10 min、4.5 h、12 h 和21.5 h的尺寸分布。图 2-19(c)和图 2-19(d)显示了纳米泡直径、高度随时间的变化规律。不难发现，直径处于 700 nm 以内、高度为 5～15 nm 的小纳米泡的占比随时间推移而减小；直径处于 700～900 nm、高度为 15～20 nm 的大纳米泡的占比随时间推

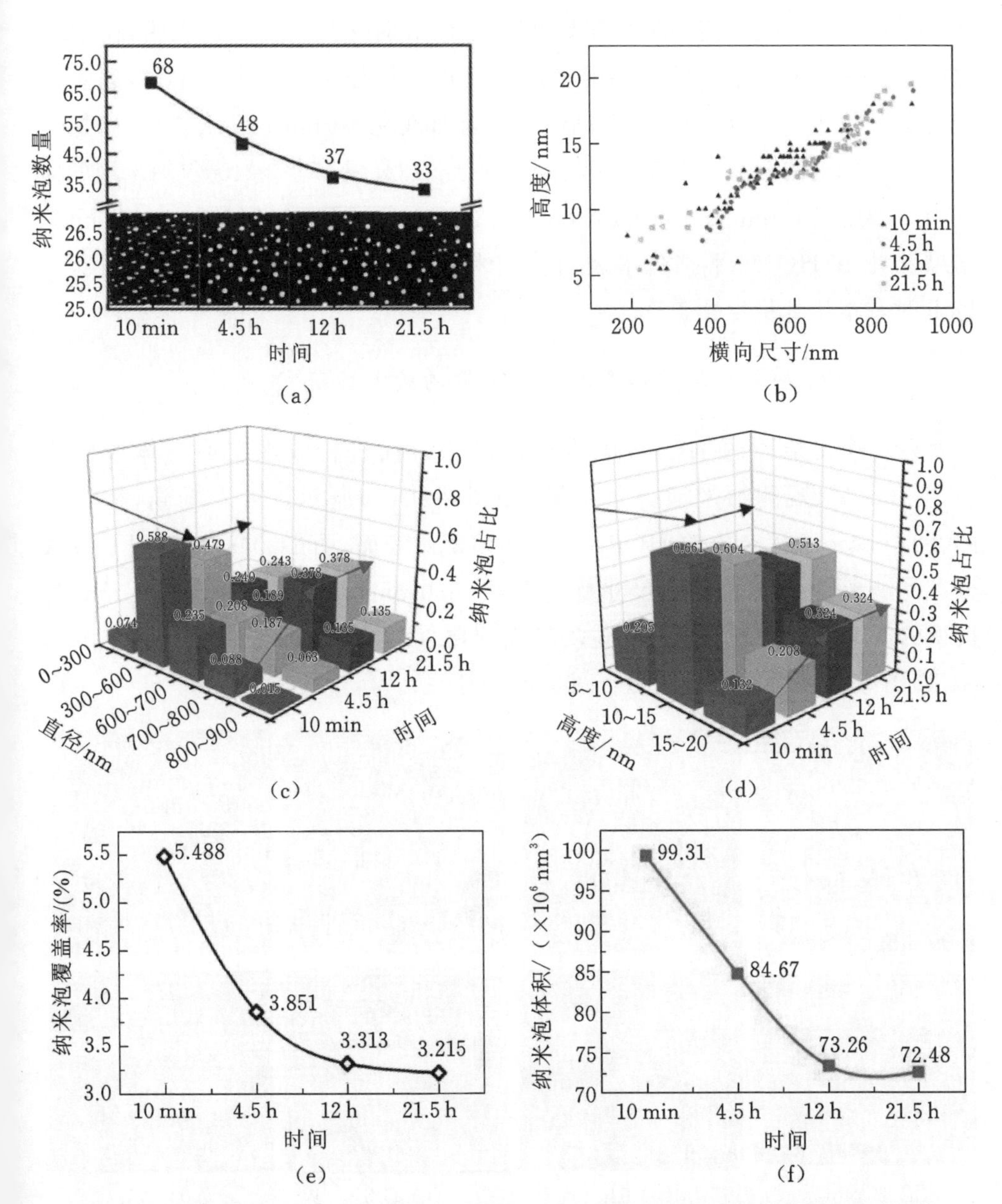

图 2-19　(a)10 min、4.5 h、12 h 和 21.5 h 时 HOPG 平面上所有纳米泡的数量和分布形态图像；(b)HOPG 平面上所有纳米泡的横向尺寸和高度的散点分布图；(c)图(b)中纳米泡直径和时间分布的直方图；(d)图(b)中纳米泡高度和时间分布的直方图；(e)纳米泡在 HOPG 平面上的覆盖率；(f)HOPG 平面上纳米泡的体积(有彩图)

移而增加。同时纳米泡的直径和高度都在 12 h 时保持平衡。这表明,在 12 h 之前较大的纳米泡不断地从小纳米泡中获得气体分子使得占比增加,逐步达到稳定。图 2-19(e)和图 2-19(f)显示,随着时间从 10 min、4.5 h、12 h 增加至 21.5 h,纳米泡的覆盖率由 5.488%、3.851%、3.313%减小至 3.215%,纳米泡的体积由 99.31×10^{6} nm^{3}、84.67×10^{6} nm^{3}、73.26×10^{6} nm^{3}减小至 72.48×10^{6} nm^{3}。结果表明,在 HOPG 平整疏水表面上纳米泡会经历马太效应的质量交换,在 12 h 时基本达到稳定覆盖率。

3. HOPG 纳米台阶疏水表面上纳米泡的稳定性研究

在干净无杂质的 HOPG 纳米台阶疏水表面进行醇水交换气体成核实验 20 min 后,观测纳米泡分布结果,如图 2-20(a)所示。可以看到,相对于图 2-14(b)干净无杂质的 HOPG 纳米台阶疏水表面,图 2-20(a)中出现了散状分布的纳米泡,纳米泡横向尺寸范围为 0～800 nm,高度范围为 0～28 nm,为典型的球形帽状形态。通过原位测试观测在 5 h、11.5 h 和 21 h 的纳米泡分布 AFM 图像,结果如图 2-20(b)～图 2-20(d)所示。

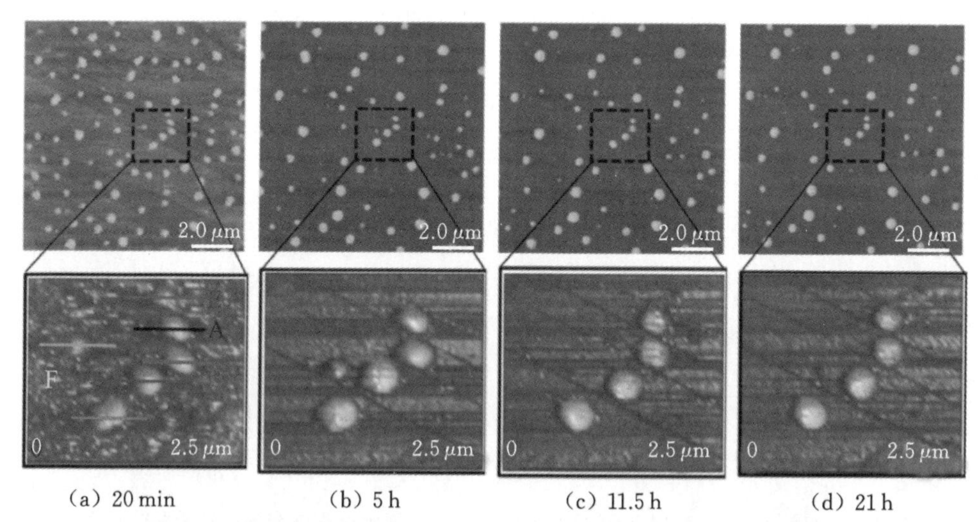

图 2-20　醇水交换后 20 min、5 h、11.5 h 和 21 h 后 HOPG 台阶表面的纳米泡 AFM 高度图像(有彩图)

在图 2-20(a)的放大图中可以清楚地看到,6 个大小不等的三维几何形态纳米泡位于 HOPG 纳米台阶疏水表面,分别标记为 A、B、C、D、E、F。A、B、C、

F 分别在 3 个不同的纳米台阶上，其中 C、F 处于同一纳米台阶内。另外，D、E 在纳米台阶壁面之外。HOPG 纳米台阶疏水壁面轮廓见图 2-15(b)。为了准确地区分纳米泡，在图 2-20(a)中使用 6 种不同的颜色(黑、红、蓝、绿、紫、黄)分别标记纳米泡 A、B、C、D、E、F。其中 A 纳米泡位于纳米台阶 1，B 纳米泡位于纳米台阶 2，C 和 F 纳米泡位于纳米台阶 3，D 和 E 纳米泡分别处于纳米台阶之外的高度最大的平面上。A、B、C、D、E、F 纳米泡的横向尺寸和高度如图 2-21(a)所示。通过对比可以看到，D 纳米泡横向尺寸和高度最大，A、B 和 C 纳米泡横向尺寸及高度相近，E 和 F 纳米泡横向尺寸及高度最小。从图 2-20 显示的纳米泡随时间演变的过程中不难发现，A、B、C 和 D 纳米泡一直存在；E 纳米泡在 5 h 时消失不见；F 纳米泡沿着纳米台阶 3 壁面逐渐向 C 纳米泡移动，最终消失。

A、B、C、D、E、F 纳米泡在 20 min、5 h、11.5 h、21 h 时的截面轮廓尺寸如图 2-21(b)～图 2-21(f)所示。从图 2-21(b)可以看出，随着时间从 20 min 增加至 5 h，A 纳米泡横向尺寸由 500 nm 增长到 550 nm，高度由 18 nm 增长到 27 nm，这说明在这段时间内 A 纳米泡获得了气体。结合图 2-20(b)中 E 纳米泡在 5 h 时消失的现象，可以推断 A 纳米泡获得的气体来源于 E 纳米泡。结合图 2-15(b)与图 2-20(a)可以看出，E 纳米泡气体成核位点表面形貌为一个高位斜坡，在这种情况下，较大的 A 纳米泡会更加容易吞蚀周边较小的 E 纳米泡。随后，时间从 5 h 至 21 h 时，A 纳米泡的横向尺寸和高度几乎保持不变，这是因为纳米台阶 1 两侧壁面疏水效应对 A 纳米泡有吸附作用，有助于 A 纳米泡的稳定。从图 2-21(c)可以看出，随着时间从 20 min、5 h、11.5 h 至 21 h 时，B 纳米泡横向尺寸和高度几乎保持不变，这是因为纳米台阶 2 两侧壁面疏水性对 B 纳米泡有吸附作用，阻碍了 B 纳米泡进行气体传输。从图 2-21(d)可以看出，随着时间从 20 min 至 5 h 时，C 纳米泡横向尺寸和高度都在增加，这说明在这段时间内 C 纳米泡捕获了气体。结合图 2-20(b)～图 2-20(d)中 F 纳米泡沿着纳米台阶 3 壁面迁移并逐渐消失的现象，可以推断 C 纳米泡捕获的气体来源于 F 纳米泡。时间从 5 h 至 21 h 时，C 纳米泡横向尺寸几乎没有发生变化，高度仅下降了 2～3 nm，这是因为纳米台阶 3 壁面可以起到能垒作用，使得纳米泡具有超强的稳定性。从图 2-21(e)可以看出，随着时间的推移，D 纳米泡横向尺寸和高度减小，这表明气体在缓慢泄漏。这是因为 D 纳米泡没

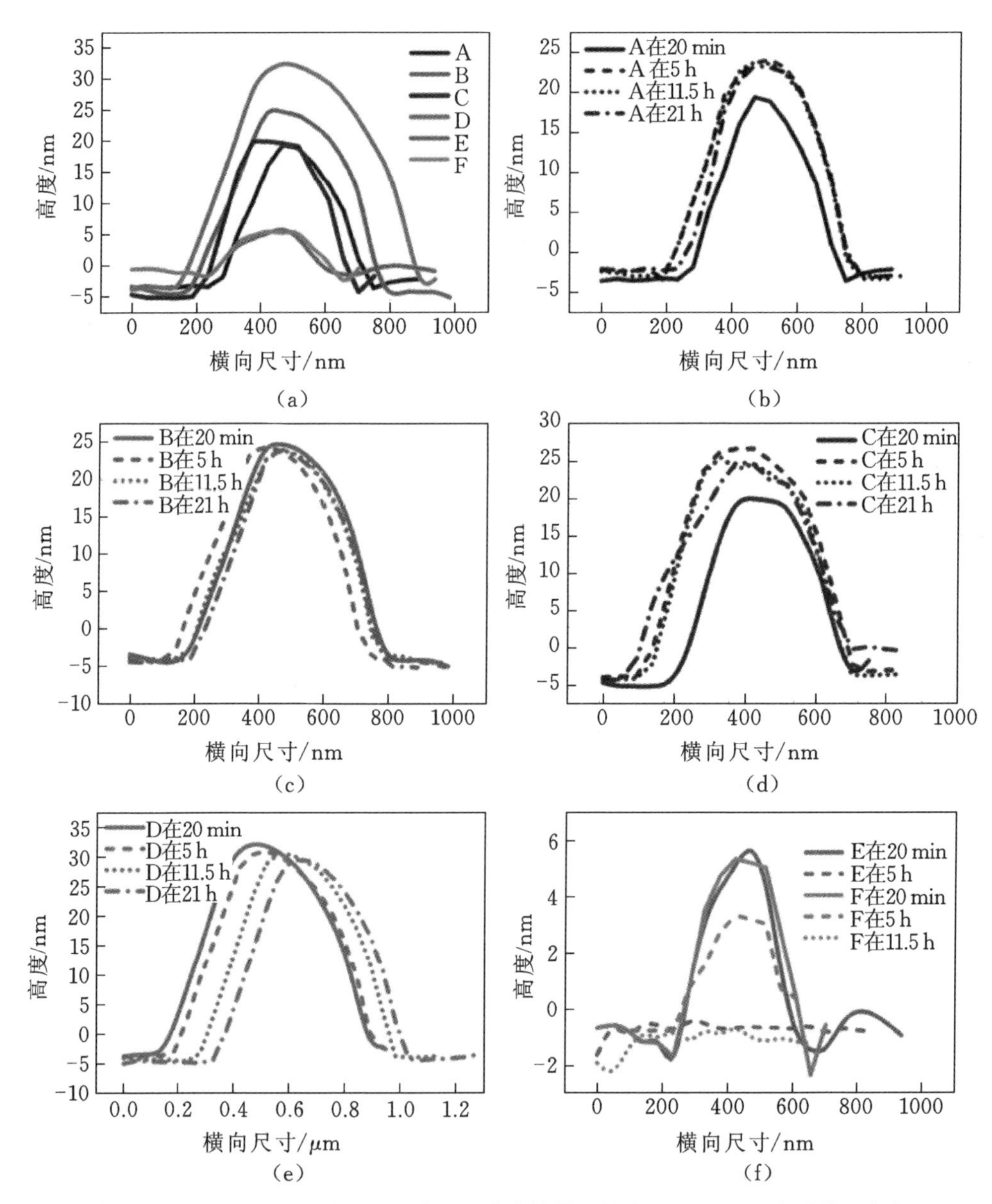

图 2-21 (a)图 2-20(a)放大图中表面纳米泡的截面轮廓图;(b)～(f)分别是纳米泡A、B、C、D、E、F 在 20 min、5 h、11.5 h 和 21 h 时的截面轮廓图(有彩图)

有受到台阶壁面能垒的作用,不断地向外部扩散气体。图 2-21(f)中曲线显示 E 和 F 纳米泡消失,表明 E 和 F 纳米泡存在气体泄漏。综上所述,纳米泡的稳定性是表面形貌的强相关量。

同样通过公式(2-1)计算A、B、C、D、E、F纳米泡分别在20 min、5 h、11.5 h和21 h时的体积,结果如表2-3所示。A纳米泡体积增加量为$0.45\times10^6\ nm^3$,E纳米泡体积减小量为$0.50\times10^6\ nm^3$。C纳米泡体积增加量为$0.65\times10^6\ nm^3$,F纳米泡的体积减小量为$0.51\times10^6\ nm^3$。结果表明:E和F纳米泡的体积减小量分别与A和C纳米泡的体积增加量大致相等。B纳米泡体积基本保持不变。然而,D纳米泡体积减小量为$2.39\times10^6\ nm^3$,这是因为D纳米泡不受台阶壁面能垒的作用,气体不断流失导致体积逐渐下降。

表2-3　图2-20中A、B、C、D、E、F纳米泡体积的定量分析

时间	气体体积 $V_i/(\times10^6\ nm^3)$					
	A	B	C	D	E	F
20 min	2.26	3.96	2.36	9.32	0.50	0.51
5 h	2.75	3.89	2.83	8.40	0	0.25
11.5 h	2.73	3.84	3.05	7.74	0	0
21 h	2.71	3.75	3.01	6.93	0	0

分析完图2-20中黑色虚线框(2.5 μm×2.5 μm)内纳米泡体积变化之后,我们把分析范围扩大到整个观察表面(12 μm×12 μm),深入分析HOPG台阶疏水表面纳米泡的变化规律。实验统计了图2-20中HOPG台阶疏水表面纳米泡的数量和直径,结果如图2-22(a)所示。曲线表明:随着时间的增加,纳米泡的数量逐渐减小。但是,相较于HOPG平整疏水表面纳米泡数量的下降幅度[图2-19(a)],HOPG纳米台阶疏水表面纳米泡数量的下降幅度更小。这表明在HOPG纳米台阶疏水表面上极少部分纳米泡合并或消失。图2-22(b)为HOPG纳米台阶疏水表面上所有纳米泡在20 min、5 h、11.5 h和21 h的尺寸分布散点图。图2-22(c)和图2-22(d)显示了纳米泡直径、高度随时间的变化规律。发现直径为0～600 nm、高度为5～20 nm的小纳米泡的占比随时间推移而减小;直径处于600～900 nm、高度为20～40 nm的大纳米泡的占比随时间推移而增加。纳米泡获得了气体分子使得横向尺寸增大,这极有可能是处于同一纳米台阶内的纳米泡之间的合并。在5 h之后纳米泡直径不再变化,主要是因为纳米台阶壁面的钉扎效应。从图2-22(d)可以看出,在11.5 h之前高度为20～40 nm的大纳米泡的占比逐渐增加,11.5 h之后高度占比保持平衡,

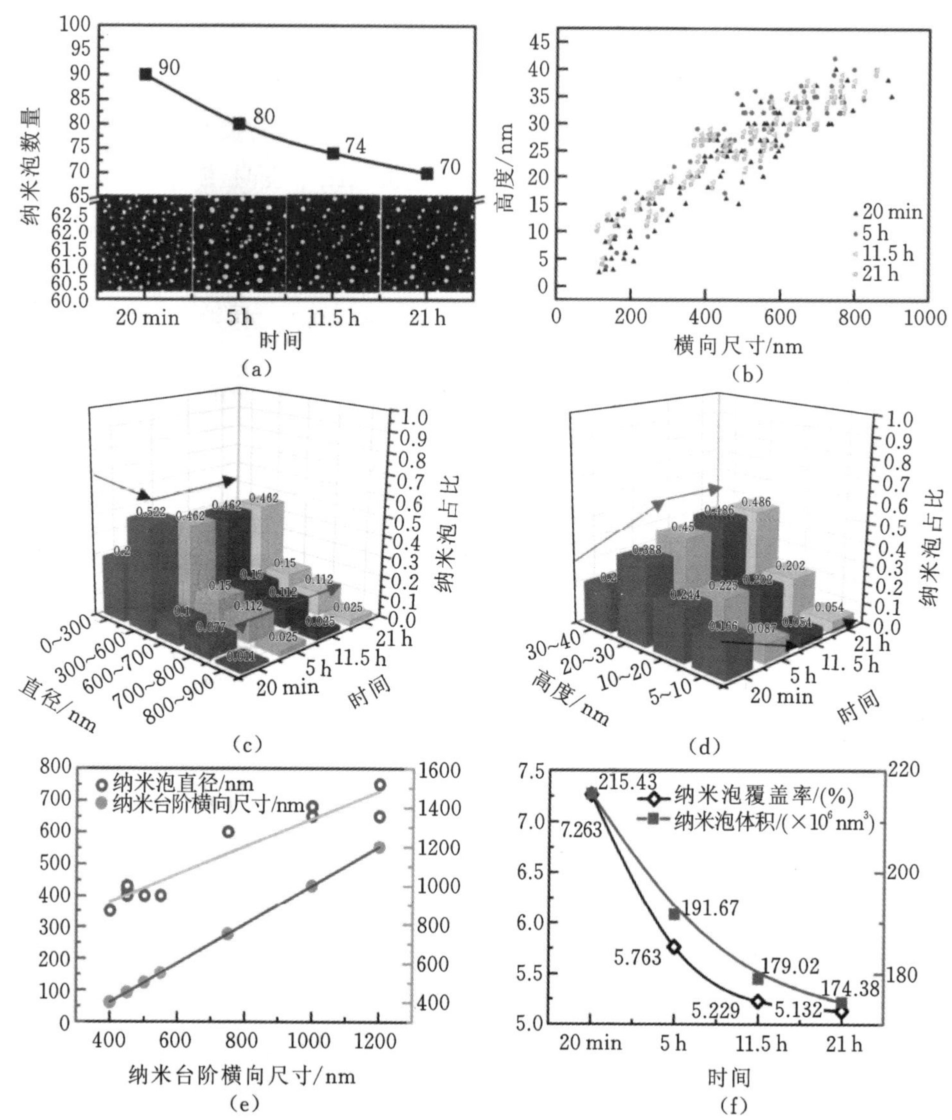

图 2-22　(a)20 min、5 h、11.5 h 和 21 h 时 HOPG 台阶平面上所有纳米泡的数量和分布形态图像；(b)HOPG 台阶平面上所有纳米泡的横向尺寸和高度的散点分布图；(c)纳米泡直径和时间分布的直方图；(d)纳米泡高度和时间分布的直方图；(e)HOPG 纳米台阶横向尺寸与相应纳米泡直径的关系；(f)纳米泡在 HOPG 平面上的覆盖率和体积(有彩图)

这表明在 11.5 h 之后纳米泡之间保持相对稳定。我们还对图 2-14(b)黄色虚线区域内纳米台阶横向尺寸与纳米泡的直径做了统计分析，给出了 HOPG 纳米台阶横向尺寸与其相应纳米泡直径的关系图，如图 2-22(e)所示。结果表明,随着HOPG纳米台阶横向尺寸的增加,纳米泡的直径也增加。显然,HOPG纳米台阶横向尺寸远远大于纳米泡的直径,这说明纳米台阶横向尺寸能在一定程度上调控纳米泡的分布形态。纳米泡分布形态对纳米泡覆盖率至关重要,从而影响纳米泡之间的稳定性。图2-22(f)给出了HOPG纳米台阶疏水表面纳米泡在20 min、5 h、11.5 h、21 h的覆盖率和体积变化规律。结果显示,随着时间的增加,纳米泡的覆盖率由7.263%、5.763%、5.229%减小至5.132%,纳米泡的体积由215.43×10^6 nm^3、191.67×10^6 nm^3、179.02×10^6 nm^3减小至174.38×10^6 nm^3。这表明HOPG台阶表面上的纳米泡成核后也会发生能量交换,最终在11.5 h时达到稳定。与HOPG平整表面相比,纳米泡的马太效应会受到台阶壁面能垒作用,进而影响纳米泡的最终稳定状态。综上所述,表面纳米台阶的分布和尺寸范围是影响纳米泡分布稳定性的关键。

4. PS纳米凹坑疏水表面上纳米泡的稳定性研究

在PS纳米凹坑疏水表面进行醇水交换气体成核实验25 min后,AFM成像结果如图2-23(a)所示,可以看到在PS纳米凹坑疏水表面出现了散状分布的纳米泡。值得注意的是,纳米泡几乎都出现在纳米凹坑边缘。图2-23(a)中,纳米泡横向尺寸范围为0～940 nm,高度范围为0～29 nm,为典型的球帽状。在5.5 h、12 h和22 h后再次原位采集PS纳米凹坑疏水表面纳米泡的AFM图像,结果如图2-23(b)～图2-23(d)所示。如图2-23所示,下图分别为对应上图的局部放大3D图像,且上图中的黑色虚线框面积为$3.0\ \mu m\times3.0\ \mu m$。

在图2-23(b)中可以清楚地看到3个大小不等的纳米泡位于纳米凹坑边缘。在图2-23(b)中分别使用A(黑色)、B(红色)和C(蓝色)标记纳米泡。从图2-23(b)～图2-23(d)中不难发现,A、B和C纳米泡一直存在且形态几乎没有发生变化。图2-24(a)展示了A、B和C纳米泡的横向尺寸和高度尺寸,横向尺寸分别为650 nm、600 nm和500 nm,高度尺寸分别为26 nm、20 nm和17 nm。很明显,3个纳米泡从大到小分别为A>B>C。在图2-24(a)中使用黑色、红色和蓝色的虚线圈1、2和3标记纳米凹坑。通过测量得到A、B和C纳米泡在25 min、5.5 h、12 h和22 h时的截面轮廓尺寸,结果如图2-24(b)～

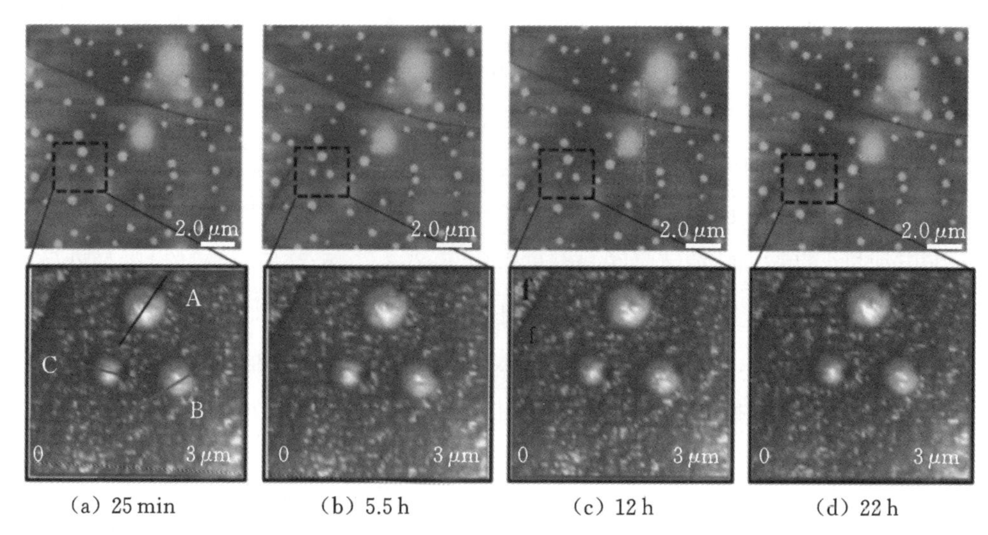

(a) 25 min　(b) 5.5 h　(c) 12 h　(d) 22 h

图 2-23　醇水交换后 25 min、5.5 h、12 h 和 22 h 后 PS 纳米凹坑表面的纳米泡 AFM 高度图像(有彩图)

图 2-24(d)所示。很清楚地观察到随着时间从 25 min、5.5 h、12 h 增至 22 h，A、B 和 C 纳米泡的横向尺寸和高度几乎没有变化，这表明 PS 纳米凹坑表面上纳米泡异常地稳定。同样通过公式(2-1)计算了 A、B 和 C 纳米泡在 25 min、5.5 h、12 h 和 22 h 时的体积，结果如表 2-4 所示。A、B 和 C 纳米泡在 25 min 时体积分别为 4.32×10^6 nm^3、2.83×10^6 nm^3、1.67×10^6 nm^3，5.5 h、12 h、22 h 后 A、B 和 C 纳米泡的体积几乎没有发生变化，再次证明了 A、B 和 C 纳米泡的超强稳定性。

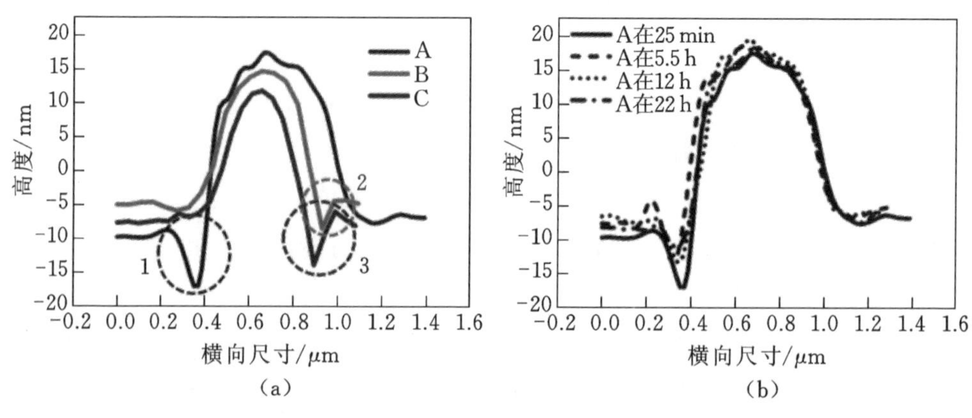

(a)　(b)

图 2-24　表面纳米泡的截面轮廓图(有彩图)

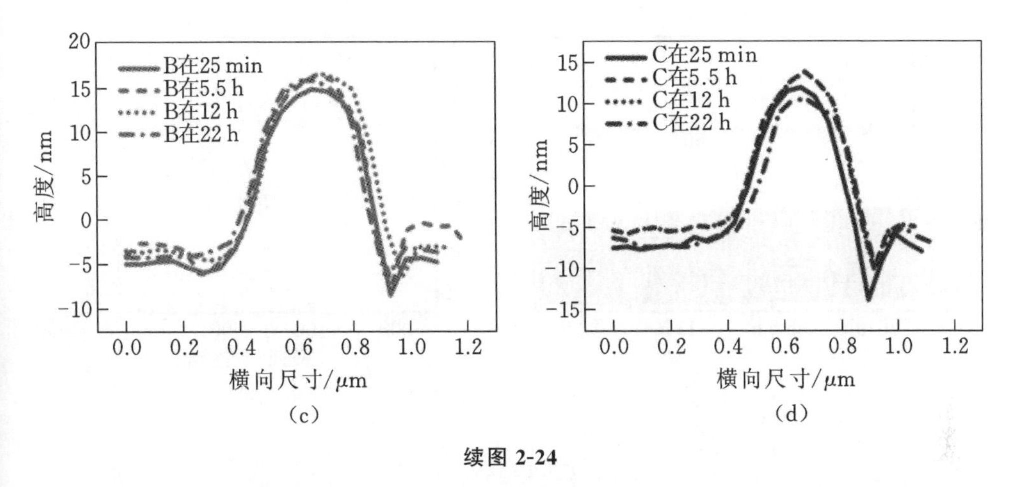

(c)　(d)

续图 2-24

表 2-4　图 2-24 中 A、B、C 纳米泡体积的定量分析

时间	气体体积 V_i/(×10⁶ nm³)		
	A	B	C
25 min	4.32	2.83	1.67
5.5 h	4.39	2.85	1.69
12 h	4.37	2.87	1.65
22 h	4.31	2.83	1.62

分析完图 2-23 中黑色虚线框(3.0 μm×3.0 μm)内纳米泡体积变化之后，我们把分析范围扩大到整个观察表面(12 μm×12 μm)，深入分析 PS 纳米凹坑疏水表面上纳米泡的变化规律。实验统计了图 2-23 中 PS 纳米凹坑疏水表面上纳米泡的数量和直径，结果如图 2-25(a)所示。曲线表明：随着时间的增加，纳米泡的数量保持不变。这表明 PS 纳米凹坑疏水表面上纳米泡没有合并或消失。图 2-25(b)为 PS 纳米凹坑疏水表面上所有纳米泡在 25 min、5.5 h、12 h 和 22 h 的尺寸分布散点图。可以发现，纳米泡的横向尺寸范围为 0～1000 nm，高度范围为 5～30 nm；多数纳米泡的横向尺寸范围为 300～600 nm，高度范围为 15～20 nm。

图 2-25(c)为图 2-25(b)中纳米泡直径与时间分布直方图，进一步描述了 PS 纳米凹坑疏水表面上纳米泡直径变化趋势。从直方图中可以看出，随着时间的增加，纳米泡的直径分布占比保持不变。图 2-25(d)显示了纳米泡高度随

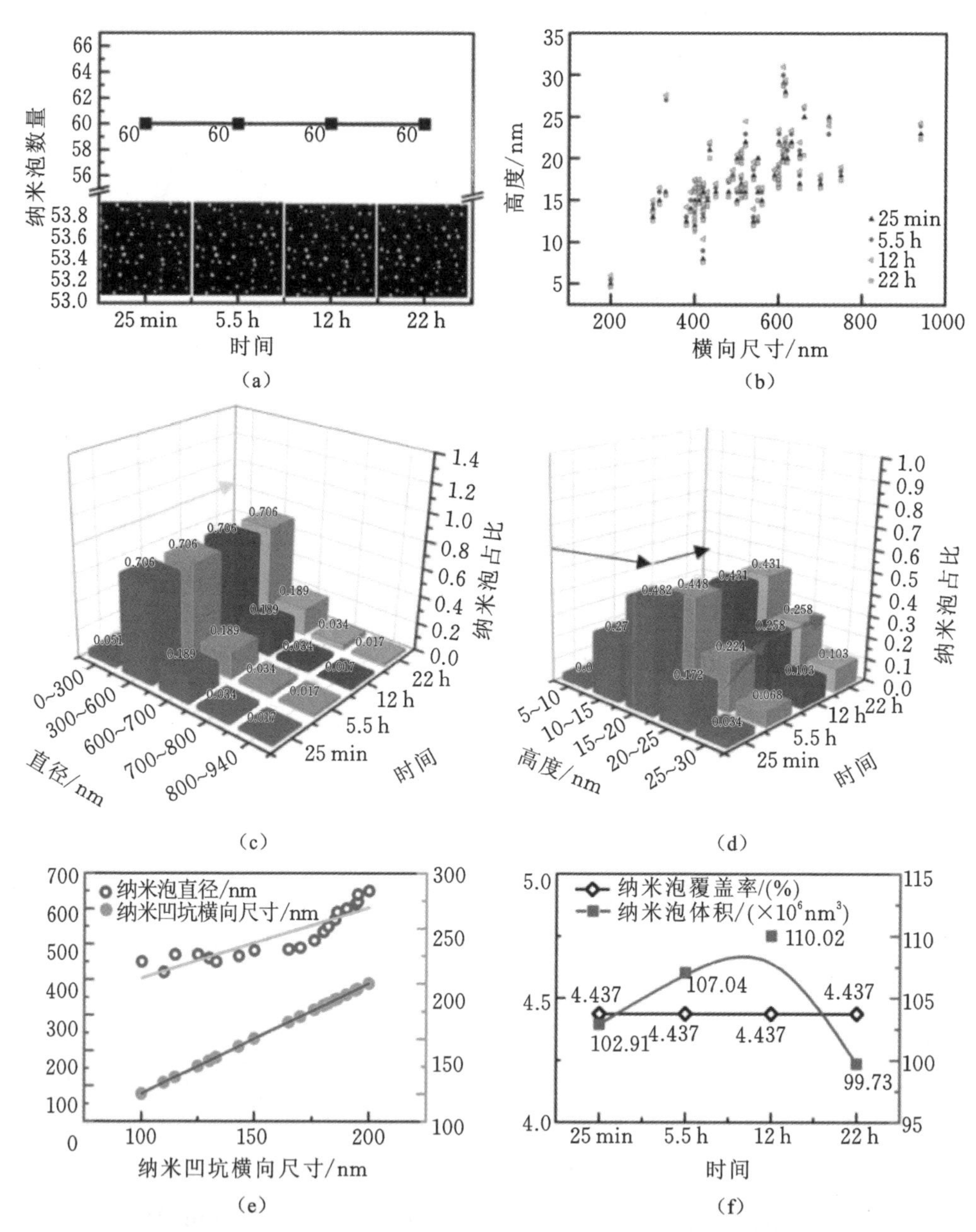

图 2-25　(a)25 min、5.5 h、12 h、22 h 时 PS 凹坑表面上所有纳米泡的数量和分布形态图像；(b)PS 凹坑表面上所有纳米泡的横向尺寸和高度的散点分布图；(c)纳米泡直径和时间分布的直方图；(d)纳米泡高度和时间分布的直方图；(e)PS 纳米凹坑横向尺寸与相应纳米泡直径的关系；(f)纳米泡在 PS 凹坑表面上的覆盖率和体积(有彩图)

时间的变化规律。不难发现纳米泡的高度分布占比在 12 h 之前随着时间推移而变化，在 12 h 之后纳米泡的高度分布占比保持不变。图 2-25(e)给出了 PS 纳米凹坑横向尺寸与相应纳米泡直径的关系图。结果表明，随着纳米凹坑横向尺寸的增加，纳米泡的直径增加，这说明纳米凹坑横向尺寸一定程度能调控纳米泡的分布形态，从而影响纳米泡的覆盖率和稳定性。图 2-25(f)给出了 PS 纳米凹坑疏水表面纳米泡在 25 min、5.5 h、12 h 和 22 h 的覆盖率和体积变化规律。结果显示，随着时间从 25 min、5.5 h、12 h 增至 22 h，纳米泡的覆盖率保持 4.437%不变。很明显，在 PS 纳米凹坑疏水表面上纳米泡的最稳定覆盖率为 4.437%。从图 2-25(f)中可以看出，随着时间从 25 min、5.5 h、12 h 增至 22 h，纳米泡的体积由 $102.91\times10^6\ nm^3$、$107.04\times10^6\ nm^3$、$110.02\times10^6\ nm^3$减小至 $99.73\times10^6\ nm^3$，在 12 h 时纳米泡的体积最大。

为了量化不同纳米结构疏水表面上纳米泡内部气体的流失与留存，我们定义了表面纳米泡的气体泄漏率 ρ 和稳定率 φ，表示如下：

$$\rho=(V_1-V_2)/V_1 \tag{2-2}$$

$$\varphi=1-\rho \tag{2-3}$$

其中，V_1为初始时刻表面纳米泡体积；V_2为最后时刻表面纳米泡体积。通过公式(2-2)计算了 HOPG 平整疏水表面、HOPG 纳米台阶疏水表面和 PS 纳米凹坑疏水表面上纳米泡的气体泄漏率，分别为 27%、19%和 3%。通过公式(2-3)计算了 HOPG 平整疏水表面、HOPG 纳米台阶疏水表面和 PS 纳米凹坑疏水表面上纳米泡的稳定率，分别为 73%、81%和 97%。图 2-26 展示了不同纳米结构的疏水表面上纳米泡气体泄漏率和纳米泡稳定率之间的关系。结果表明：HOPG 平整疏水表面气体泄漏率最大，其次是 HOPG 纳米台阶疏水表面，PS 纳米凹坑疏水表面气体泄漏率最小，其稳定率可达 97%。

通过原子力液下实验观测了纳米泡在不同纳米结构疏水表面上 24 h 的变化规律，疏水表面的纳米泡形成后，纳米泡存在的位置与表面形貌是决定纳米泡稳定性的关键因素。这里对比了疏水平面、疏水台阶和疏水凹坑纳米结构表面上纳米泡的分布稳定性，研究表明，相较于 HOPG 平整疏水表面纳米泡的最优覆盖率 3.313%，HOPG 纳米台阶疏水表面和 PS 纳米凹坑疏水表面纳米泡的稳定覆盖率分别提升到 5.229%和 4.437%。

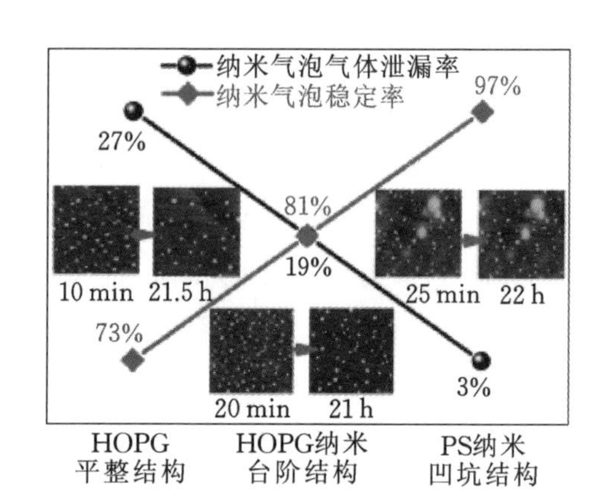

图 2-26 HOPG 平整结构、HOPG 纳米台阶结构和 PS 纳米凹坑结构疏水表面上的纳米泡气体泄漏率和稳定率(有彩图)

2.4 基于疏水界面的纳米泡动态稳定性研究

在受到干扰的情况下,要维持纳米泡润滑减阻的有效性,必须保证纳米泡能够稳定地存在于界面之上,可根据现有接触线锚固理论,考虑界面亲疏水特征所引起的纳米泡分布形态改变对接触线的影响;同时结合动态接触角滞后相关理论和实验研究,可建立不同疏水微结构与纳米泡移动性之间的联系,从而探讨疏水界面对纳米泡动态稳定性的影响机理。

本书中的研究是使用开源分子动力学 LAMMPS 进行仿真的,使用具有一定气体溶解度的液体分子模拟流体,用固定不动的固体分子模拟固体壁面。分子之间的相互作用由 Lennard-Jones(LJ)势来描述:

$$U_{ij}(r)=4\varepsilon_{ij}\left[\left(\frac{\sigma_{ij}}{r}\right)^{12}-\left(\frac{\sigma_{ij}}{r}\right)^{6}\right],\quad i,j\in\{\text{液体},\text{气体},\text{固体}\} \tag{2-4}$$

其中,ε_{ij}是粒子 i 和 j 之间的相互作用强度,σ_{ij}是粒子 i 和 j 的相互作用半径,截断半径$r_c=5$,$\sigma_{ij}=1.7$ nm。更新粒子位置和速度的时间步长设置为 $d_t=\sigma_{ij}\sqrt{\frac{m}{\varepsilon_{ij}}}/400=2(\text{fs})$,其中 m 是流体粒子的质量。模拟仿真使用正则系综 NVT(分子数量、体积和温度一定),采用 Berendsen 恒温系统控制温度为 300 K。在这个模拟中,使用了液体、气体和固体三种状态的分子。分子间相互作用的参数列于表 2-5。选择组成底部基质的液体和固体分子的相互作用来表示具有强（亲水）、中等和弱（疏水）润湿性的基质。

表 2-5　LJ 势参数

分子	σ_{ij} /nm	ε_{ij} /(kJ · mol^{-1})
流体-流体(LL)	0.34	3.00
气体-气体(G-G)	0.50	1.00
流体-固体(亲水)(L-S_s)	3.40	2.10
流体-固体(中等)(L-S_m)	3.40	1.73
流体-固体(疏水)(L-S_w)	3.40	1.56
气体-固体(亲水)(G-S_s)	0.40	1.56
气体-固体(中等)(G-S_m)	0.40	1.73
气体-固体(疏水)(G-S_w)	0.40	2.10
固体-固体(S-S)	0.00	0.00

2.4.1　初始模型

构建具有可润湿性的基底壁面，在其上部静置具有一定气体溶解度的液体分子，用此模型来模拟观测纳米泡的形成过程，并观察其稳定性，如图 2-27 所示。模型所有方向都设置为周期性边界条件。基底壁面由三层固体分子构成，排列

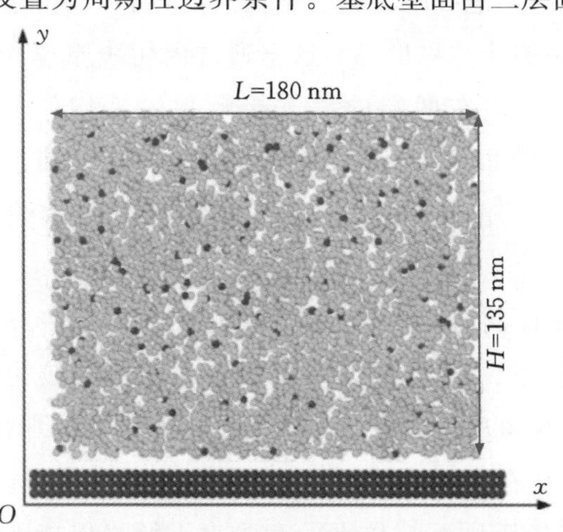

图 2-27　壁面纳米泡稳定性仿真模型：液体分子（蓝色），溶解在液体中的气体分子（靛蓝），固体基底分子（棕色）（有彩图）

成面心立方晶格(晶格常数为3.61 Å),其{1 1 1}面与流体分子接触。每一层包含504个固体分子,液体原子数为5839,气体分子数为240。用1 nm厚的实心壁构建了尺寸为20 nm×135 nm×0.8 nm的模拟空间。

2.4.2 壁面纳米泡模拟结果

1. 各种润湿表面上的纳米泡核

通过模型仿真重点研究了具有不同润湿性的表面上的纳米泡成核过程和接触角。通过仿真计算不同壁面的润湿性,能够控制纳米泡的形成方式及其与固体表面的接触角。形成气态纳米泡的原因是三相相互作用强度和液体中的气体浓度有助于克服成核障碍。图2-28(a)显示了纳米泡成核随时间的演变规律。可以看到纳米泡最初均匀成核,纳米级小气泡以如下两种方式形成:一些气体分子与其邻近的分子聚在一起,一些气体分子被吸附在固体表面上。随后气泡变大并向壁面移动。由于固体分子对气泡有较大的吸引力,最后纳米泡移动至壁面后便停止生长并稳定吸附在壁面上,其大小和位置极少发生变化。实验还模拟了三种不同润湿性表面在20 ns(平衡后)时的纳米泡状态,可以看到气体和液体分子都在随机移动。在分子动力学(MD)仿真过程中,当气体纳米泡吸附在基底壁面上时,纳米泡由于分子无序热运动会产生前后动态震荡的非对称形态。这里通过内切线原理计算了不同润湿性表面与纳米泡接触时,左右两端的静态接触角的平均值。如图2-28(b)~图2-28(d)所示,疏水壁面的纳米泡接触角为71.4°,中性和亲水壁面的接触角分别为105.8°和145.5°。由此可见,相较于亲水壁面,疏水壁面上的纳米泡接触角较小。

紧接着预测了壁面润湿性对纳米泡分布的影响。图2-28显示了基于不同湿度的表面纳米泡分布。显然,疏水壁面的纳米泡形态较为扁平。随着湿度的降低,纳米泡的接触角从左向右依次增大。正如预期的那样,由于壁面亲水性的作用,纳米泡不会在表面产生,并远离表面成核。值得注意的是,在所有模拟仿真中,所选择的正则系综仿真的盒子大小始终保持不变,因此,可以推测表面润湿性是影响表面纳米泡形状和分布的唯一参数。

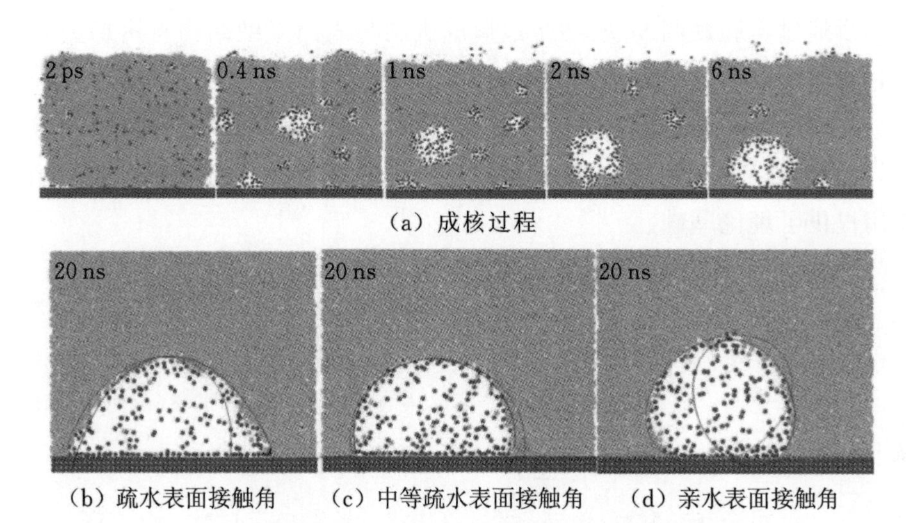

（a）成核过程

（b）疏水表面接触角　（c）中等疏水表面接触角　（d）亲水表面接触角

图 2-28　纳米泡在不同润湿性表面的气体侧接触角(有彩图)

2. 纳米泡的稳定性

为了证明纳米泡的稳定性，将 MD 模拟仿真时间从纳米泡稳定成核后的 20 ns 延长到 200 ns。纳米泡内气体含量可以直观地表示纳米泡在壁面上的稳定性。图 2-29 显示了两种初始气体分子数为 240 和 360 的流体在壁面上形成稳定纳米泡后气体分子数量随时间演变的曲线。显然，该曲线显示出纳米泡中气体分子数含量会随时间发生波动，但其平均值基本保持不变。由此可见，在壁面形成的纳米泡是稳定的，它们不容易溶于液体，故而不会缓慢衰减。也就是说，液体中气体分子的过饱和性和气液固三相接触线的钉扎效应会使得壁面纳米泡具有高稳定性。

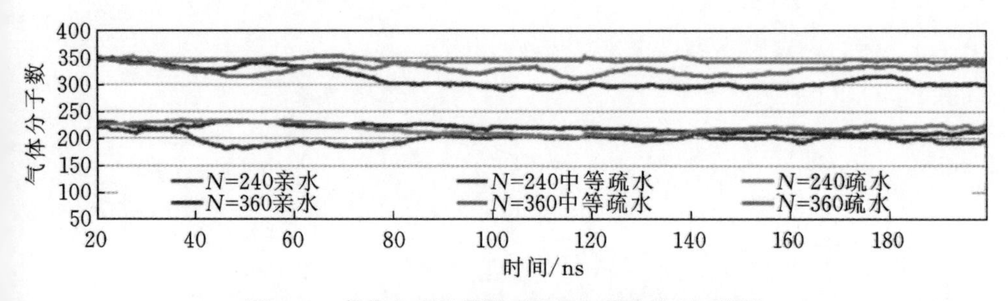

图 2-29　气体分子数量随时间演变的曲线(有彩图)

本章通过实验观测发现，纳米泡形成机制与表面微纳结构有密切关系，同时通过制备具有不同纳米结构的表面实现了纳米泡大小与分布的微纳结构调控。最终通过分子动力学仿真分析了具有不同润湿性壁面的三相接触线锚固理论，为纳米泡稳定性及分布形态研究提供理论基础，为创新出纳米泡润滑减阻应用提供了理论基础。

第3章　基于微结构的Leidenfrost纳米泡温度响应滑移效应研究

宏观Leidenfrost悬浮效应主要关注的是Leidenfrost产生的温度点。然而对于具有小尺度效应的纳米泡，其呈现的Leidenfrost效应对界面特征和温度的响应都会被增强。纳米泡的激发温度与宏观悬浮温度点具有极大的差异性；同时温度变化对于纳米泡分布密度、纳米泡的高度及固液气三相接触线的直径都会起到重要影响。因此，建立纳米泡形成、数量分布和接触线形态随温度的变化关系，是实现宽温域内纳米泡润滑减阻的理论基础；并且不同于宏观Leidenfrost气层的连续性，纳米泡在微结构界面上呈现离散分布特征。在利用气层减阻时，宏观模型需要针对纳米泡外轮廓与液体的接触界面形态，包括高度、密度分布和曲率等影响因素进行修正，并且通过疏水表面与温度的结合可以对Leidenfrost悬浮效应的初始温度产生影响，可见微结构特征是Leidenfrost现象的关键影响因素。建立微结构特征下Leidenfrost纳米泡的分布形态是研究纳米气液界面特征的关键；Leidenfrost现象在具有微纳结构表面上的作用，会使得固液界面间存在纳米泡，从而改变了界面处液体的密度，形成一个密度空化层，通过等效气体膜厚概念，可以建立一个基于纳米泡形态及分布密度的固液界面上的滑移长度计算模型，由于微结构表面特征是纳米泡形貌的决定性因素，可结合实验探讨微结构界面上纳米泡存在形式对滑移减阻的影响，结果反馈将有助于对疏水微结构进行优化设计。

3.1　微观结构和温度对气体润滑的耦合效应

这部分重点研究了温度和结构在微纳米尺度上对蒸汽润滑剂的耦合效应。本节通过多尺度数值仿真和分子动力学仿真相结合的方法建立了一个微观数值模拟模型，用于分析热流动微通道中的气体分数和摩擦系数。该模型遵循Leidenfrost温度形成纳米泡的条件，模拟微通道中纳米泡成核机制及纳米结构吸附的 Leidenfrost 气体层所引起的摩擦阻力降低效应。

为了研究温度和结构对纳米泡成核及其减阻性能的耦合影响，整个模拟域分为连续域和分子域两个部分，通过多尺度模型研究纳米泡所产生的减阻润滑效应。

首先，在连续域中考虑液相和气相，使用计算流体动力学(CFD)模拟方法研究温度和微结构对气相分数的影响，采用流体体积(VOF)法求解 Navier-Stokes 方程。

层流状态的体积分数连续性方程：

$$\frac{\partial \alpha}{\partial t}+v\cdot\nabla\alpha=0 \tag{3-1}$$

其中，α 是气相的分数，当表面充满液体时等于 0，而当表面充满气相时等于 1，当表面为气液混合界面时，α 为中间值；t 表示时间；v 表示速度。

动量守恒方程：

$$\rho\left(\frac{\partial v}{\partial t}+v\cdot\nabla v\right)=-\nabla p+\mu\nabla^2 v+\rho g+F \tag{3-2}$$

其中，ρ 是密度，表示为 $\rho=\alpha\rho_{\text{liq}}+(1-\alpha)\rho_{\text{air}}$，$\rho_{\text{liq}}$ 和 ρ_{air} 分别表示液体和气体的密度；μ 是黏度，表示为 $\mu=\alpha\mu_{\text{liq}}+(1-\alpha)\mu_{\text{air}}$，$\mu_{\text{liq}}$ 和 μ_{air} 分别表示液体和气体的黏度；p 表示静压强；g 是重力在 x 方向的分量；F 是表面张力所引起的 x 方向的体积力，其表达式为

$$F=\sigma\frac{\rho k\nabla\alpha}{\frac{1}{2}(\rho_{\text{liq}}+\rho_{\text{air}})}$$

其中，σ 是气液界面表面张力，取为 0.072 N/m；k 是自由面的曲率，近似为单位曲面法线的散度 $k=\nabla\cdot\hat{n}$。在这里，$\hat{n}$ 垂直于固体表面，表示为 $\hat{n}=\frac{\nabla\alpha}{|\nabla\alpha|}$。

能量方程：

$$\rho c_{\text{p}}\left[\frac{\partial T}{\partial t}+(v\cdot\nabla)T\right]=-k\nabla^2 T+\varphi \tag{3-3}$$

其中，c_{p} 是恒压下的比热；k 是基于相位加权平均的热导率；T 是绝对温度；而 φ 是耗散函数，表示为 $\varphi=\tau_{ij}\frac{\partial\theta_j}{\partial x_j}$。

根据温度升高导致纳米级划痕处形成纳米泡的现象，我们给出了具有立

方结构表面的微通道流动示意图，以研究固体表面的润湿性、微观特征和温度对流动性能的影响，如图 3-1 所示。模型的边界条件如下：流速为 1 m/s；出口设置为压力出口；通道顶部壁面光滑；底部壁面为宽度 $D=3.6$ nm、间距 $L=3.6$ nm、高度 $H=2.5$ nm 的微立方柱；固体壁面的外侧设置为热源。将 VOF 方法融合到热动力学和动量守恒方程来研究液体-气体-固体三相接触界面的摩擦系数和气体体积分数。

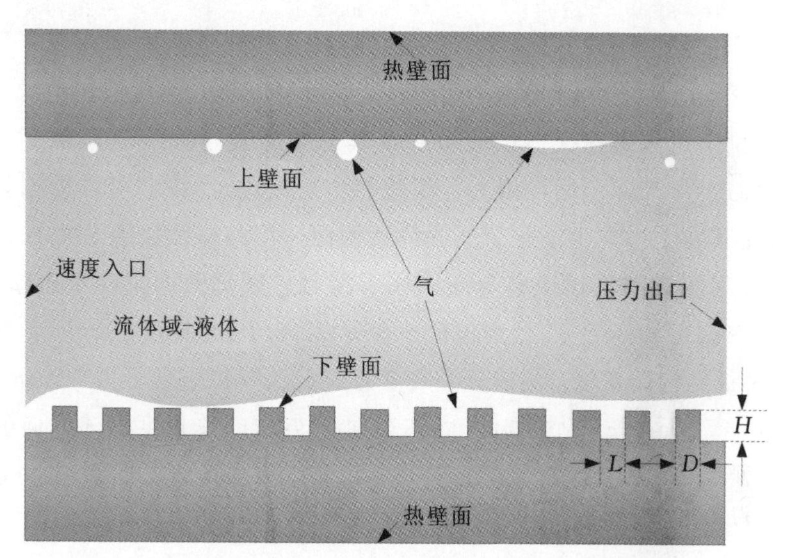

图 3-1　壁面微结构耦合温度的流体微通道流动示意图(有彩图)

扫码查看
第 3 章彩图

其次，在分子域中同时考虑液相和气相，以确定气体分子的温度和运动轨迹。这些变量有助于确定不同纳米结构表面上分离液体和固体表面的气体层的厚度和温度。同样使用分子动力学仿真方法，这里仿真分为三个步骤：首先，整个计算域使用 Langevin 恒温器将体系的温度保持在 90 K 并持续 0.1 ns，达到系统能量最小化的目的。接着，在 0.1 ns 到 0.2 ns 将恒温器从连续域移出，仅将固体壁面保持在 90 K 进行平衡。最后，在 0.2 ns 到 5 ns 使用正则系综（恒定粒子数、体积和温度或 NVT）将热壁面从 90 K 加热到设定温度，并将顶部散热器表面冷却到 85 K。对液体采用保持恒定原子数、恒定体积和恒定能量（NVE）的微正则系综进行模拟。这里氩气被设置为基础流体。氩原子和固体分子的疏水/亲水原子之间的 Lennard-Jones（LJ）势参数列于表 3-1。

表 3-1 氩原子和固体分子的疏水/亲水原子之间的 LJ 势参数

分子	ε/eV	σ/Å
流体-流体(L-L)	0.010438	3.405
流体-固体(亲水)($L-S_s$)	0.060486	2.990
流体-固体(疏水)($L-S_w$)	0.002606	2.990
固体-固体(S-S)	0.351000	2.574

图 3-2 所示为分子动力学的初始模型,可以用于研究热传导和纳米尺度上的相变,特别是可以进行气体层的厚度及其影响因素分析。在 x 和 y 方向上设置周期性边界,顶部壁面设置为包覆边界。也就是说,该壁可以根据气体层的厚度改变其在 z 方向上的位置。固体壁面由一层晶格常数为 4.09 Å 的面立方铜原子排列而成,其(111)面与液体原子接触。底部壁面由三个区域组成,即固定壁、热源壁和传导壁,分别包括 648 个、1296 个和 3240 个原子(数量可能随不同的特征结构而变化);液体分子数量为 6563。模拟域盒子为 7.2 nm(x)×8.0 nm(y)×7.2 nm(z)的立方体(固体表面 x 方向的总长度和 z 方向的宽度设置为 36 层)。热源壁有助于在底壁上引起液体沸腾和蒸发现象,并将顶部壁面推离底部壁面。结果有助于帮助理解壁面气体层的形成机理。如图 3-2(b)所示,底部壁面建立了多种不同的纳米结构。

(a) 模型的初始配置

图 3-2 分子动力学仿真模型及其底部壁面的几何特征(有彩图)

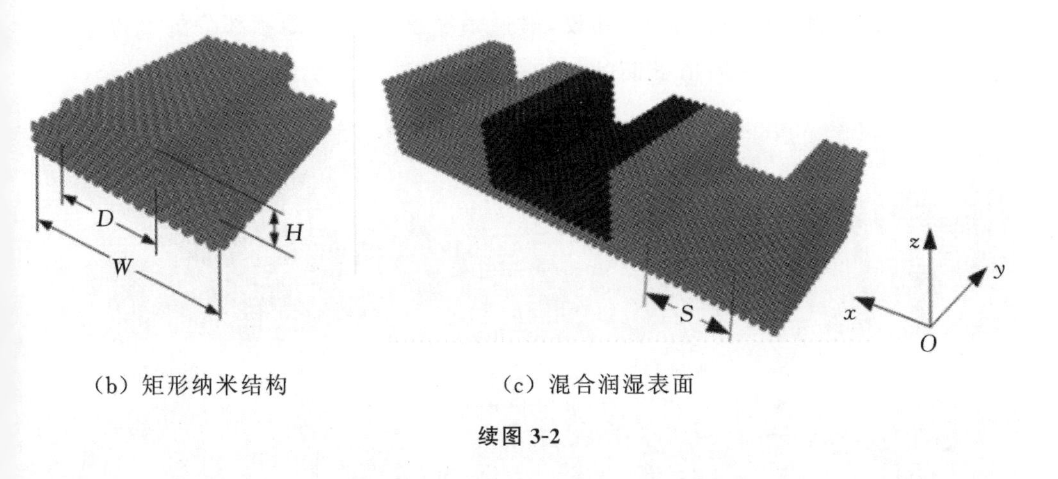

(b) 矩形纳米结构　　　　(c) 混合润湿表面

续图 3-2

3.2　温度耦合结构的纳米泡滑移效应研究

3.2.1　表面纳米结构对气体稳定性的影响研究

在该仿真中,通过具有不同接触角的疏水和亲水壁面,构建了具有不同润湿性壁面的微通道。其中壁面建模时还考虑了纳米几何结构,以便分析表面纳米结构特征对气体形成的影响。气体分数的仿真方法可以用于研究在润滑过程中,高温(673.5 K)相变引起的减阻现象。

图 3-3 显示了高温亲水表面上气泡成核随时间的演变规律。红色表示气相,蓝色表示液相,棕色表示亲水性的固体表面,中间色表示气液界面。通过模拟观察蒸发气泡的成核过程,气泡核首先在表面凹坑内流体处萌出,提供了第一个气泡。与光滑顶部壁面相比,汽化气泡更倾向于在具有微结构凹槽的底部壁面上生成。由于表面亲水性的作用,固体表面对气体存在排斥力,使得气体生成以后很快就脱离了固壁,很难维持在固壁上。因此,无论亲水表面是否具有纳米结构,其上的气泡都可以容易地脱离固体表面。此外,结果还很清楚地表明纳米结构表面上的气泡分离直径明显大于光滑表面的气泡分离直径,这是因为纳米凹坑的高温多壁面会有助于液相蒸发,而使得产生的气泡变得更大。图 3-4 描绘了当流动达到平衡状态时微通道两侧的气体体积分数和摩擦系数分布。曲线结果表明,当微通道流动达到平衡状态时,微通道壁面与

气相接触部分的摩擦系数更低，相反，微通道壁面与液相接触部分的摩擦系数更高。因此可以说，微通道壁面的气相成分是使流动阻力减小的关键因素。

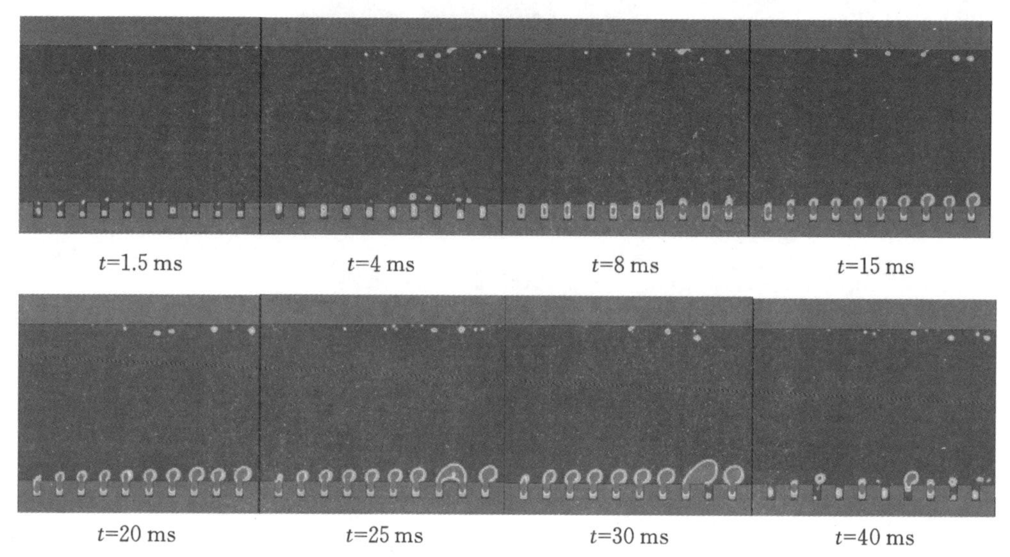

图 3-3　高温亲水表面上气泡成核随时间的演变规律(有彩图)

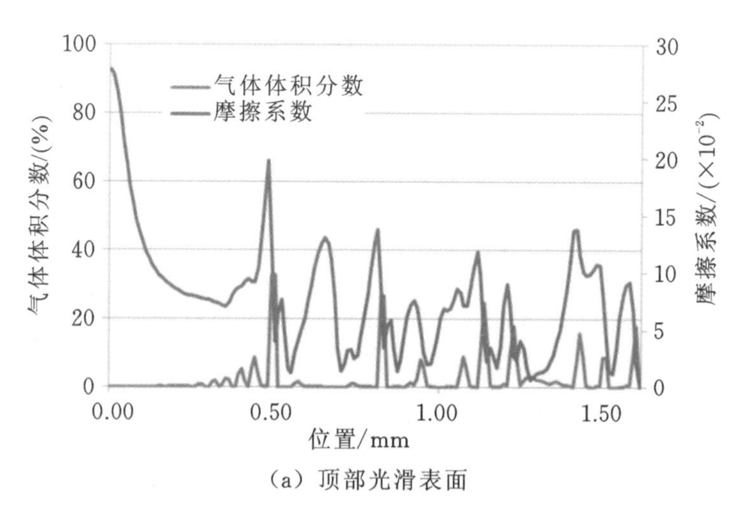

图 3-4　亲水表面上的摩擦系数与气体体积分数的关系曲线(有彩图)

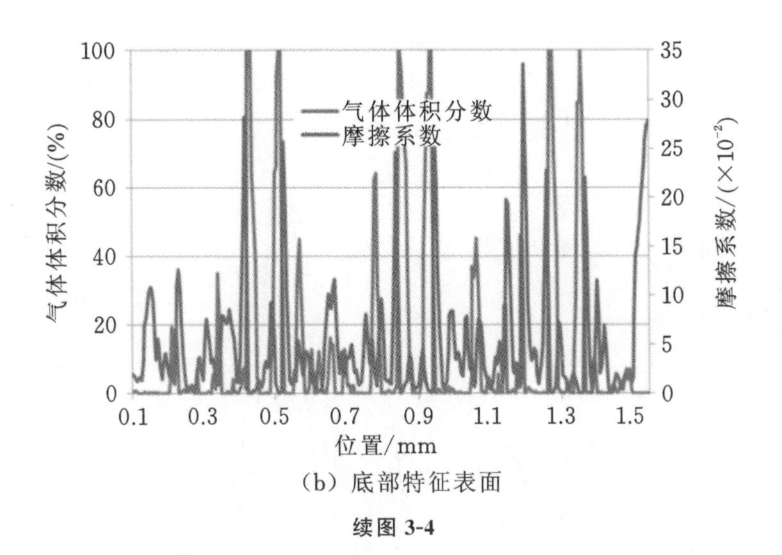

(b) 底部特征表面

续图 3-4

图 3-5 显示了高温疏水表面上蒸发相变的气泡破裂随时间的演变规律。气泡在疏水表面上形成，并被疏水表面牢固地吸附在壁面上。在疏水性壁面上没有观察到气泡脱离壁面，气泡受流体的作用沿壁面流动。与亲水性壁面相比，气泡在疏水吸附力的作用下，不断地在高温疏水性壁面上成核、聚集、变大，从而形成气体层。此外，与没有微结构凹槽的光滑顶部壁面相比，底部壁面由于具有微结构，壁面上覆盖的气体体积分数更大。

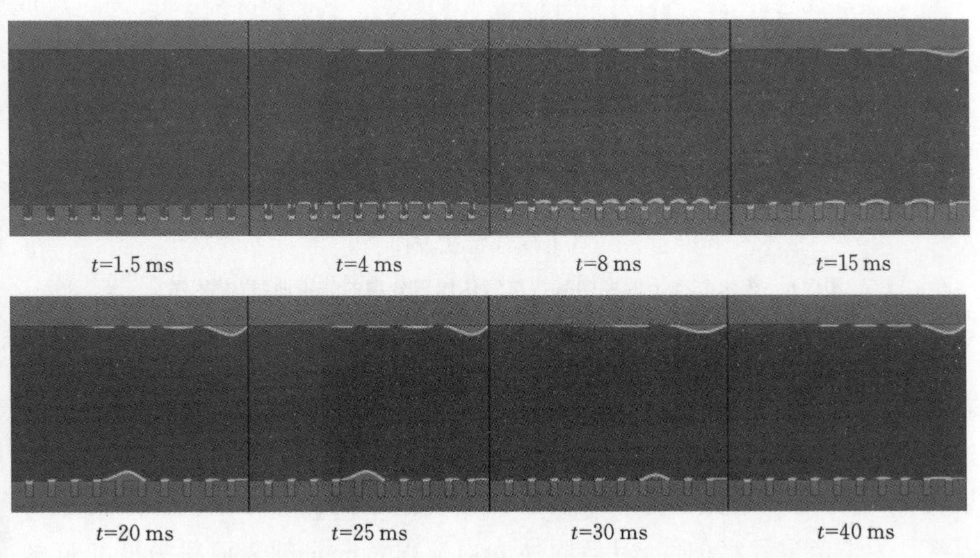

图 3-5　高温疏水表面上蒸发相变的气泡破裂随时间的演变规律(有彩图)

图 3-6 比较了光滑表面和微结构表面上的气体体积分数和摩擦系数。该图表明,微结构表面上形成的气体体积分数要明显大于光滑表面上的气体体积分数,从而具有更低的摩擦系数。

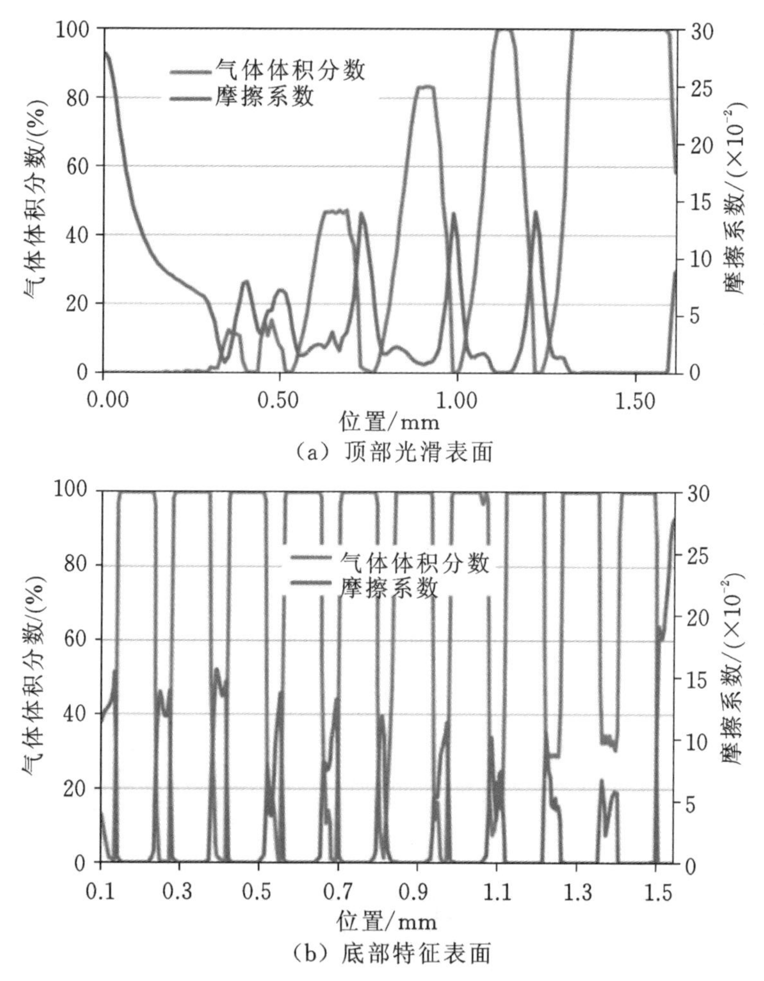

图 3-6 疏水表面上的摩擦系数与气体体积分数的关系曲线(有彩图)

从图 3-4 和图 3-6 的曲线中可以统计得到亲水性光滑表面、亲水性微结构表面、疏水性光滑表面和疏水性微结构表面的壁面气体体积分数分别为 2.5%、12.5%、38.9%和 72.3%,摩擦系数分别为 0.07、0.05、0.049 和 0.03(图 3-7)。结果表明,表面的微结构特征和其润湿性是气泡聚拢合并形成气体层的主要因素。为了产生稳定的气体层,固体表面应保持一定的表面粗糙度和疏水性。在高温作用下,液相蒸发而产生的气体层的稳定性对表面的微结构特征非常敏感。因此,需要进一步解释气体层形成机理与表面纳米结构之间的关系。

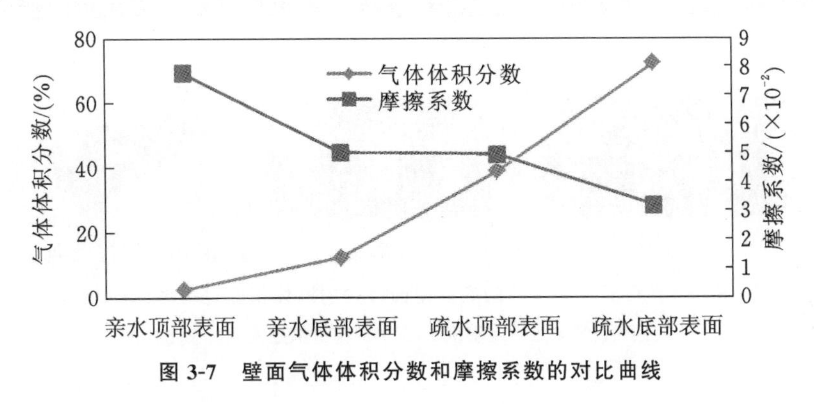

图 3-7　壁面气体体积分数和摩擦系数的对比曲线

3.2.2　基于气层稳定的壁面微结构优化设计

在微通道高温壁面蒸发气层生成研究的前提下,进一步通过分子动力学仿真分析壁面纳米结构几何特征对纳米尺度上由蒸发相变而形成气层的影响,从而确定气层稳定性的影响因素,为壁面微结构优化设计提供技术支撑。

1. 壁面润湿性对气层稳定性的影响研究

为了对比固体壁上气体层的不同成核过程,建立如图 3-2 所示的仿真模型。图 3-8 显示了在 200 K 下加热混合润湿壁面生成气层的演变过程。在 200 K 温度作用下,纳米泡首先在壁面凹坑处成核,且成核位置与壁面的润湿性有关:在亲水表面上,气泡在凹坑中心成核;在疏水表面上,气泡在凹坑壁面上成核。气泡的聚拢合并及其运动特性受到润湿表面的凹坑的限制。此外,凹坑中的气体接收高温壁面传递过来的热能,这样就增加了气泡的壁面脱离能,气泡会快速合并长大形成气体层,最终达到分离液体和固体壁面的效果。图 3-8 中,在 0.7 ns 后底部壁面的蒸发停止,由于固体对液体具有强吸附能力,亲水壁面的表面会形成一层很薄的液体分子层。相反,疏水壁面上并没有未蒸发的液体分子残留。

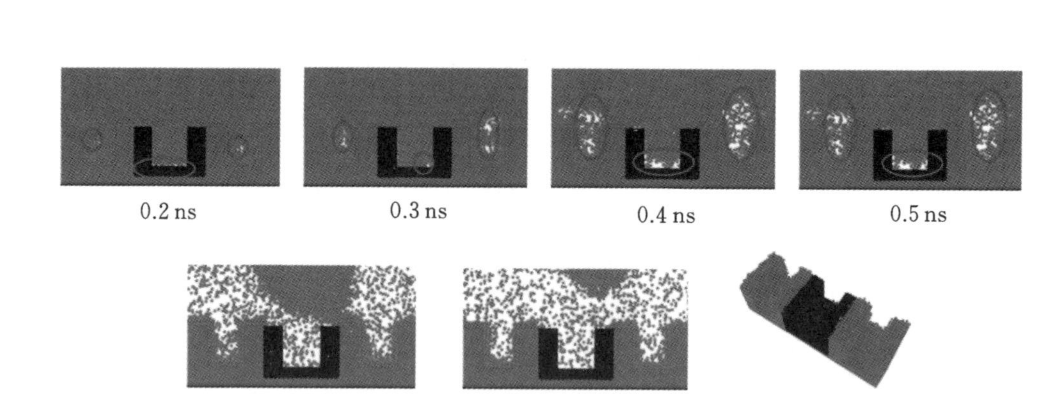

图 3-8 与具有混合润湿性的底部壁面接触的液体相变过程图(有彩图)

中间的黑色部分表示疏水壁面,两侧的棕色部分表示亲水壁面

2. 热源壁面温度对气层稳定性的影响研究

图 3-9 为在 350 K 温度下壁面气体层的生成过程。初始模型中被放置在微通道的液体分子在高温壁面的作用下,液体分子获得了能量便克服固定壁面的吸引力转变为气体。可以看到,在 0.1 ns 时(仿真模拟的第三步),液体分子形成团簇。液相因蒸发作用形成气相,从而形成高压力将液体团簇与底部壁面分离。与底部壁面相邻的低密度气体区域有效阻止了能量在高温底部壁面与低温顶部壁面之间传递。随后,分子间的能量传递达到平衡,气体层的厚度保持为恒定值。图 3-10 所示为微通道流域 z 方向的分子数密度随时间的变化曲线。曲线图能够清楚地描述液体分子的分布特征。液体分子的数量密度随着壁面温度的升高而降低,这表明液体团簇向着远离底部壁面的方向移动,导致低分子数密度区域的快速扩大。由于爆炸性沸腾现象,高分子数密度区从 1.0 ns 开始由初始位置快速向 z 方向移动。之后低分子数密度区扩大速度

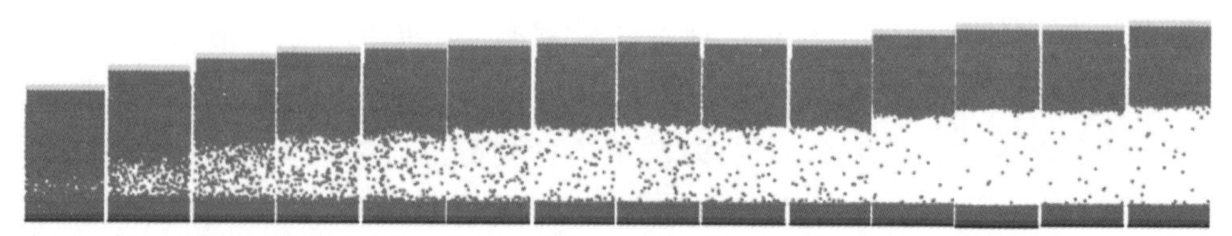

图 3-9 在 350 K 温度作用下光滑壁面上气体层的形成过程(有彩图)

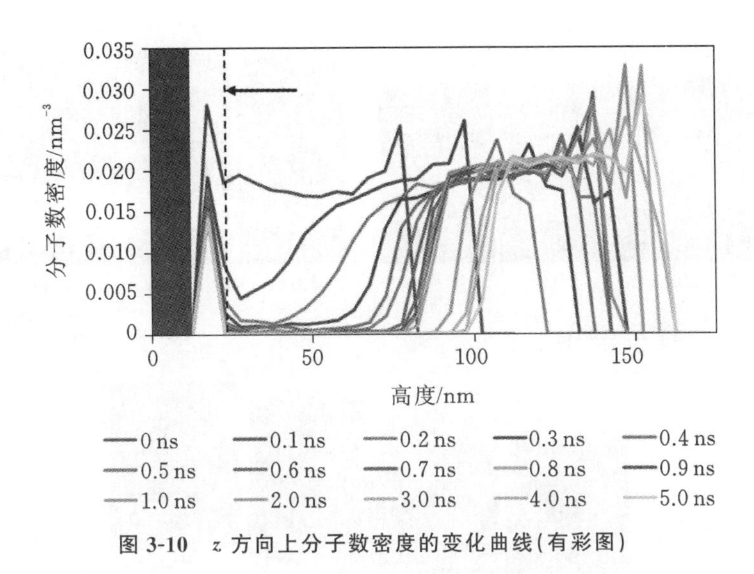

图 3-10　z 方向上分子数密度的变化曲线(有彩图)

逐渐减慢,主要是由于顶部冷壁面的作用,在高温气体分子和低温气体分子进行能量交换的过程中,气体区高压将可以移动的顶部壁面推离而有充足空间来形成气体层。在 4.0 ns 之后,液体团簇的最大分子数密度维持在 17 cm^{-3},同时顶部壁面位置不再改变,表明气膜层的厚度保持稳定不变。

图 3-11 为不同温度环境下光滑表面的气层形成过程示意图。气体层形成及其稳定形态是由底部壁面热源温度决定的。如图 3-11(a)所示,在 150 K 低温热源作用下液相不会发生沸腾蒸发现象,因此不能形成气体层。当底部壁面热源温度提升到 250 K 时,如图 3-11(b)所示,贴近底部壁面的液体层受热超过蒸发的临界温度,液体分子发生相变形成气泡并且聚拢合并成为气体层,该气体层具有高压便推动液团向上移动,使其与底部壁面分离,此时贴近顶部冷壁面的液体分子仍然保持液相状态。如图 3-11(c)所示,当底部壁面热源温度进一步升高至 450 K 时,温度加速了液体蒸发相变过程。图 3-12 为 4 ns 时不同温度作用下分子数密度的分布曲线。可以看到蓝色曲线所代表的 150 K 热源作用下的分子数密度基本保持不变,顶部壁面维持在其原始位置。在壁面热源温度提升到 250 K 以上时,分子数密度急剧下降,在 250 K(红色曲线)、350 K(绿色曲线)和 450 K(紫色曲线)温度作用下,气体区域逐渐增大。结果表明,气体层厚度会随着热源温度的提升而增厚。

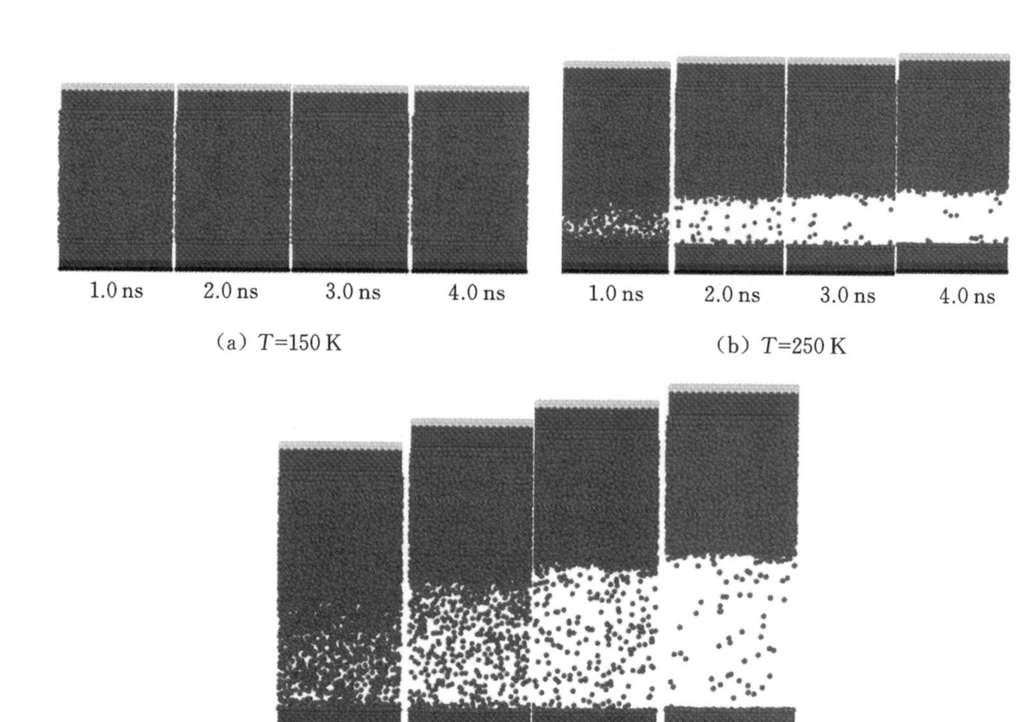

图 3-11 不同温度环境下光滑表面的气层形成过程示意图(有彩图)

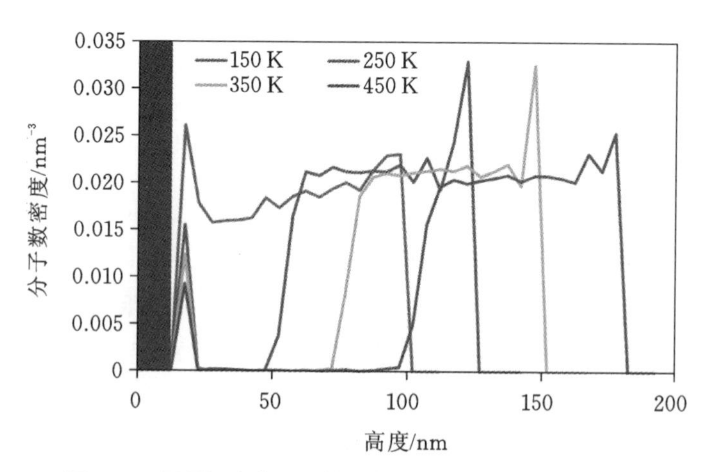

图 3-12 不同温度作用下分子数密度的分布曲线(有彩图)

3. 壁面纳米微结构对气层稳定性的影响研究

1）宽间比

图 3-13 为底部壁面在 180 K 的温度环境下，不同几何尺寸的长方体微通道中气层随时间的形成过程。在该过程开始 1 ns 之内，液体和固体两相界面上出现了明显的分离间隙。具有长方体纳米结构的壁面，是指在光滑壁面上沿 z 方向构建三层原子层高度的纳米结构。在光滑的表面上，液体没有发生相变，因此从 2 ns 到 5 ns 始终保持液相状态，而具有长方体织构形貌的壁面，可以诱发沸腾蒸发现象并在凹坑中产生气泡。如图 3-13(b)所示，在 $D/W=1/6$、$D/S=1/5$ 的壁面上，气体区域随时间逐渐扩大，但从壁面传递给液体层的热能不足以使气泡核脱离凹坑壁面而形成气体层。对于 $D/W=1/3$、$D/S=1/2$ 的长方体织构壁面，凹坑中气泡核的压力迅速增加，气泡受到长方形凹坑壁面几何结构的影响快速增加并形成气体层，因此，所有贴近壁面的液体分子在 5 ns 内蒸发产生气体层，如图 3-13(c)所示。图 3-14 表明，具有四种不同尺寸参数的长方体织构壁面对分子数密度的影响较大。曲线中出现的低分子数密度区域表明气体层的存在。对于光滑壁面和 $D/W=1/6$、$D/W=1/2$ 的长方体织构壁面，整个区域的分子数密度值最低约为 0.008 cm^{-3}，表明流域中只存在液相区。对于 $D/W=1/3$、D/S=1/2 的长方体织构壁面，可以观察到曲线中

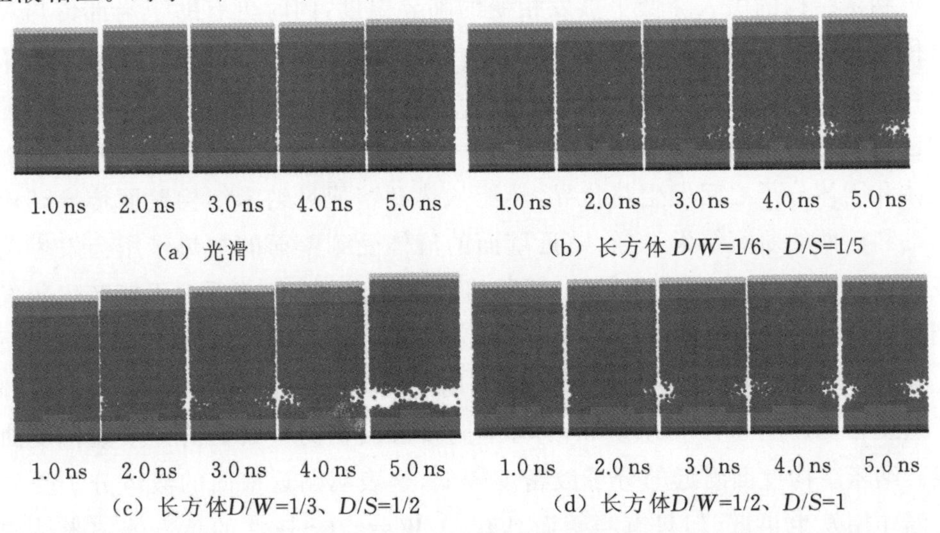

图 3-13　在 180 K 下不同几何尺寸的长方体微通道中气体层的形成过程(有彩图)

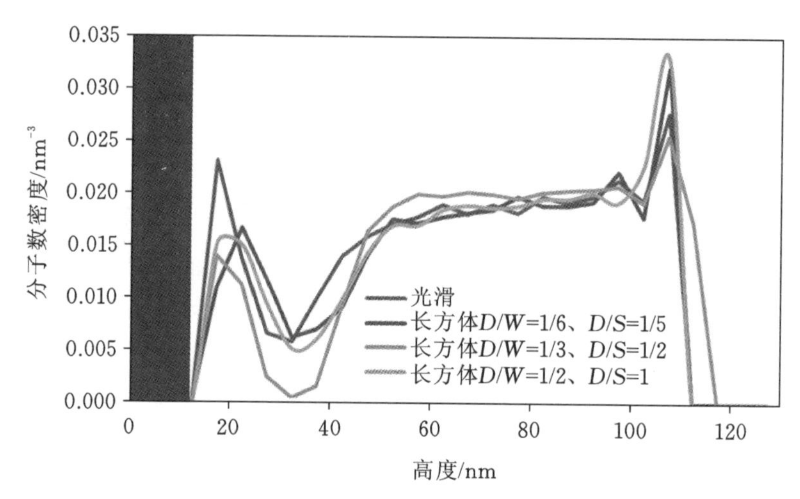

图 3-14 在 180 K 下不同几何尺寸的长方体结构壁面上的分子数密度分布曲线(有彩图)

有明显的低分子数密度区域,表明此壁面上存在气体层。值得注意的是,与上述有长方体纳米结构的壁面相比,没有长方体纳米结构的光滑壁面需要更高温度才能产生蒸发气层,这表明长方体纳米结构在提高蒸发相变方面起着重要作用。显然,优化壁面的纳米结构几何参数有助于形成气体层。

2)接触面积

纳米结构的引入降低了蒸发相变的临界温度,同时更有助于局部传热和气体层的形成。为了揭示不同纳米长方体结构排列对气体层产生的影响,本研究将模型中的底部壁面构建成一个立方体结构,并将其分为几个小立方体,构建出具有相同纳米结构的壁面($D/S=1$),其空间分布如图 3-15 所示。底部液体和固体分子之间发生热传导,热能从热源壁通过纳米结构壁面传导到液体。和前面的研究结果一样,贴近壁面的液体受到壁面的加热作用会发生蒸发相变。图 3-15(a)和图 3-15(b)所示的液体区域由于热能低而不能产生蒸发相变,因此顶部壁面并没有发生移动。在图 3-15(c)所示的立方体结构壁面上,固体壁面和液体的接触面积增加,有助于液相吸收更多热能使更多液体分子蒸发相变。图 3-16 揭示了 5 ns 时不同接触面积的壁面上的分子数密度曲线。纳米结构壁面附近的分子数密度较低,这表明贴近壁面的液体分子受到高温作用发生扩散,但只有当壁面具有 $D/W=1/6\sim1/2$ 的长方体纳米结构时,壁面传递给液体的能量才足以引起相变而产生气层。固体和液体原子之间接触面积的增加($D/W=1/8$ 的情况下)使贴近壁面的液体更容易升温而超过临界蒸发温度形成气体层。表 3-2 列出了具有不同几何排列的长方体纳米结构和不同固液接触面积的壁面。当接触面积比 λ 为 1.67 时，在 180 K 时，底部壁面产生气体层。显然，因为长方体结构增加了液体和固体在 y 和 z 方向的接触面积，所以接触面积随着长方体数量的增加而增大。如图 3-13(b)～图 3-13(d)所示，由于纳米立方体的数量相同，三个模型具有相同的接触面积，

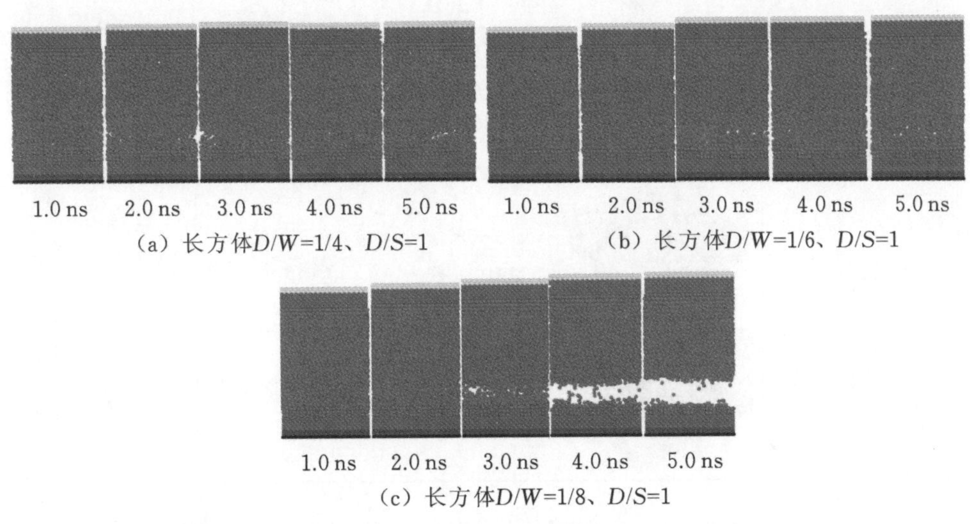

图 3-15　在 180 K 下不同纳米长方体结构排列壁面的气体层形成过程(有彩图)

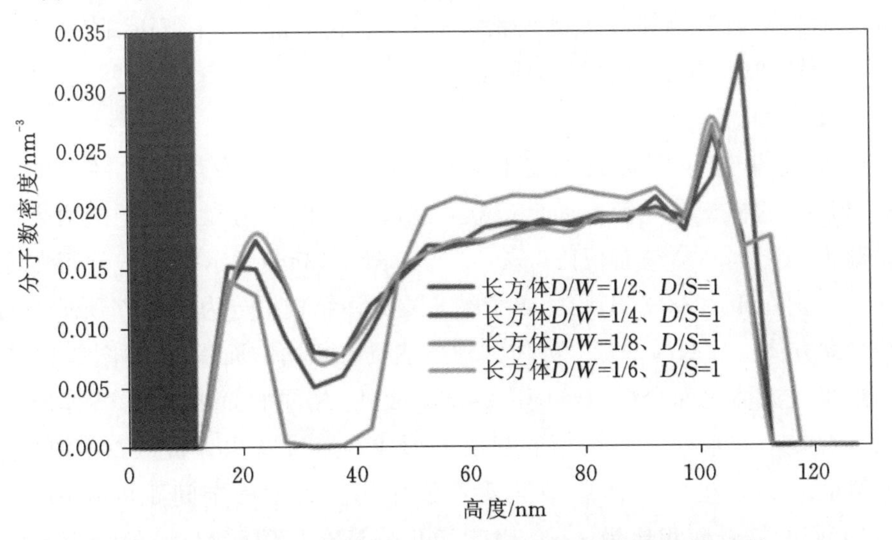

图 3-16　在 180 K 下宽间比 $D/S=1$ 的纳米长方体结构壁面上的分子数密度分布曲线(有彩图)

表 3-2　底部壁面的不同纳米结构参数与气体层形成的关系(有彩色表)

长方体纳米结构	几何布置	固液接触总面积/$\mathring{A}^2$	接触面积比 λ (A/A_{smooth})	蒸汽层
$D/W=1/2,D/S=1,N=1$[图 3-13(d)]		$(36\times4.09)^2+3\times36\times N\times2\times4.09^2=25292.9$	1.17	否
$D/W=1/4,D/S=1,N=2$[图 3-15(a)]		$(36\times4.09)^2+3\times36\times N\times2\times4.09^2=28906.2$	1.33	否
$D/W=1/6,D/S=1,N=3$[图 3-15(b)]		$(36\times4.09)^2+3\times36\times N\times2\times4.09^2=32519.4$	1.50	否
$D/W=1/8,D/S=1,N=4$[图 3-15(c)]		$(36\times4.09)^2+3\times36\times N\times2\times4.09^2=36132.7$	1.67	是

但不难发现仅在 $D/W=1/3$ 的情况下才形成气体层。因此,接触面积比 λ 和宽间比都是增强热传导的关键因素。此外,在相同的 D/S 值下,随着接触面积比 λ 的增加,气体层更容易形成。

3) 排列和高度

此外,这里进一步研究了纳米结构是如何改善壁面热传导性能的。如图 3-17所示的模型在底部壁面上建立了宽度和长度都为九层原子的两个立方体。此模型产生的接触面积比 λ 为 1.17,与图 3-13(d)所示模型的面积比完全相同。区别在于图 3-13(d)中的单个纳米立方体结构被分为图 3-17 所示的两个小纳米立方体。这两种纳米立方体结构虽然具有相同的面积比,但图 3-17 中的两个纳米立方体之间会形成小间距。结果表明,相同的面积比时,气体层更容易在具有多个纳米立方体结构的壁面上形成。通过对比分析可以推测,纳米立方体的间距在生成气体层中起着重要作用。为了确定间距的作用,根据图 3-15(a)的接触面积比为 1.33,构建了几个具有相同面积比,但排列不同的纳米立方体壁面,如图 3-18 所示。图 3-18 显示了这三种壁面上气体层的形成

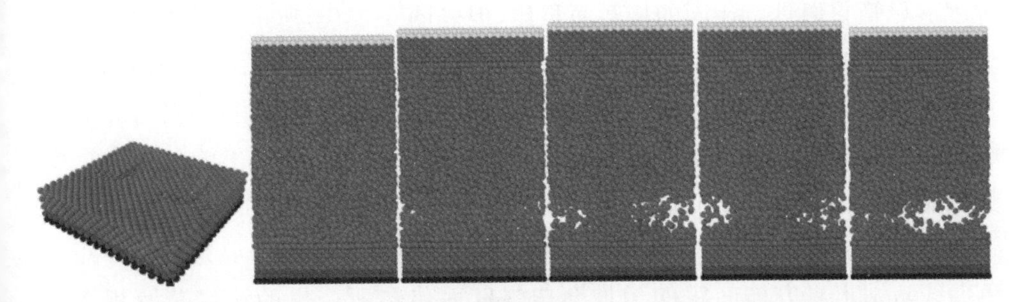

图 3-17　具有与图 3-13(d)相同的接触面积比λ 的双纳米立方体结构壁面的气体层生成过程(有彩图)

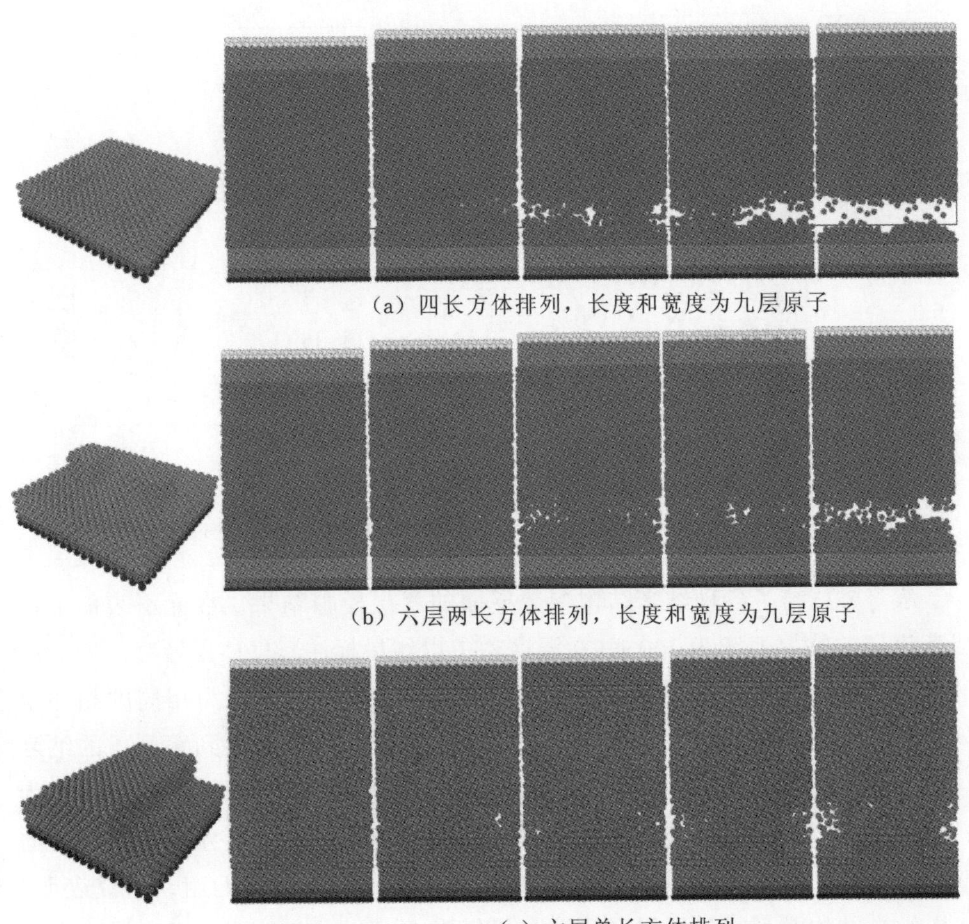

(a) 四长方体排列，长度和宽度为九层原子

(b) 六层两长方体排列，长度和宽度为九层原子

(c) 六层单长方体排列

图 3-18　接触面积比为 1.33、具有不同排列纳米立方体的壁面的气体层形成过程(有彩图)

过程。尽管它们具有相同的接触面积比，但是图 3-18(c)所示的纳米结构不能通过热传导使液体蒸发相变而形成气体层。图 3-18(a)和图 3-18(b)所示的纳米结构会强化传热，导致大部分液体分子蒸发相变。也就是说，当具有相同接触面积比的纳米结构作为底部热源壁面时，间距空间可能是影响气体层产生的主要因素。图 3-19 通过分子数密度曲线对比了具有不同纳米立方体排列的壁面上的气体层区域。对于具有相同接触面积比的壁面(显示为红色和浅蓝色曲线)，纳米立方体间距的增加会增强壁面传热所产生的液体蒸发相变现象。因此，壁面纳米结构的接触面积比可以提高气体膜的生成速率，并且纳米立方体的排列间距布置优化设计可以增强固体-液体界面的导热性。

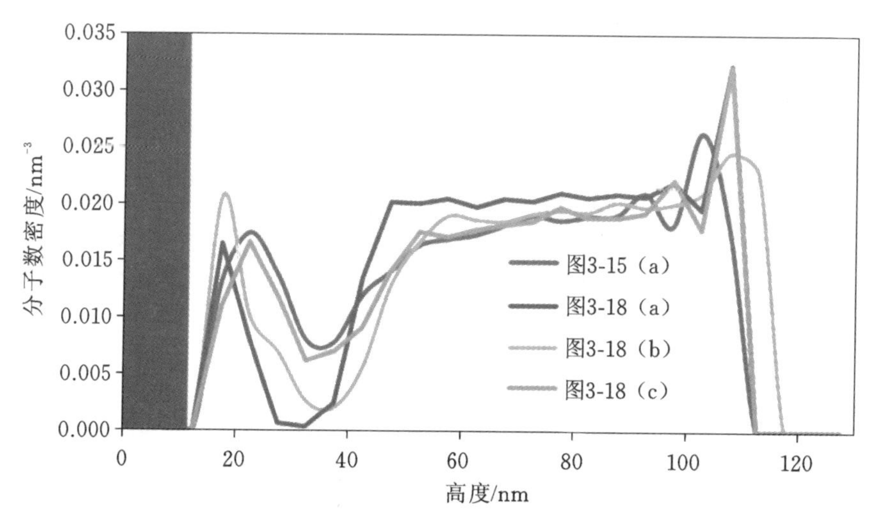

图 3-19 相同接触面积比和不同纳米立方体排列壁面的分子数密度分布曲线(有彩图)

表 3-3 总结了各种纳米结构参数壁面的气层模拟结果。在光滑表面上形成蒸汽层的临界温度为 190 K(在温度栏中以红星标注)，气体层厚度随着温度的升高而增大。为了确定接触面积比的影响，将第二列固定为相同的相邻空间 $D/S=1$，并将接触面积从案例 1 增加到案例 4。可以观察到案例 4 的纳米结构上有气体层形成，表明在热源温度较低时，壁面热传导在接触面积比为 $\lambda=1.67$ 时被增强，从而能够产生气体层。将具有不同 D/S、分布和高度值的壁面按接触面积比 1.17(用①标记)和 1.33(用②标记)分为两组。研究表明，壁面纳米结构排列对气体层形成没有任何影响，但是，四种模型形成了清晰的气体层(以红色星形标记)，这是由于这些壁面上的纳米立方体有效地增加了宽

表 3-3　壁面纳米结构参数对气体层形成的影响(有彩色表)

	温度	接触面积(D/S=1)	D/S	分布	高度
案例1		①	①	①	②
案例2		②	①	②	②
案例3			①		
案例4					

间比。这些研究结果有助于指导设计出具有高接触面积比和大宽厚比的壁面纳米结构，从而在低温下能够产生一定厚度的稳定气体层。

本节利用基于温度影响的 Leidenfrost 液体悬浮效应分析纳米微通道气泡的形成机理，探讨了不同微结构特性壁面上的纳米泡成核临界温度、纳米气体层形成过程以及气体层形态，同时揭示了疏水表面与温度的结合可以对 Leidenfrost 液体悬浮效应的初始温度产生影响，验证了微结构特征是 Leidenfrost 液体悬浮效应的关键影响因素。最终通过壁面微结构优化设计降低了壁面纳米泡的成核临界温度，通过对比实验掌握了影响气体层增厚及其稳定性的壁面微结构参数。

3.3 纳米泡与滑移减阻的关系研究

前面的研究从纳米泡的成核机理及其与疏水壁面微结构的设计对纳米气体层的调控方面，证实了壁面纳米泡能够可控地存在于固液界面间，从而改变了界面处液体的密度，形成一个密度空化层。通过等效气体膜厚概念可以建立一个基于纳米泡形态及分布密度的固液界面上的滑移长度计算模型，基于微结构表面特征对纳米泡形貌的决定性影响，可分析微结构界面上纳米泡存在形式对滑移减阻的影响。目前学术界对纳米泡能实现润滑减阻存疑，主要是因为纳米泡的构筑方式可能产生滑移。针对这一问题，本部分研究将通过分子动力学模型模拟，分析纳米泡在固体表面上的存在状态与流体流动过程中滑移减阻的关系。

3.3.1 不同纳米泡分布的减阻分析模型

为了研究纳米泡分布形态对减阻的影响，这里借助分子动力学仿真软件研究纳米泡滑移现象及其内部机理。其中固体分子限制在其初始位置以构建 HOPG 基底，使用含有一定气体分子的液体模拟流体。HOPG 原子之间的相互作用为 airebo 势，其他粒子之间的相互作用 Lennard-Jones（LJ）势能参数如表 3-4 所示。模拟是在正则系综（NVT，粒子数恒定，$T=300$ K）中进行的。在仿真中采用了贝伦森恒温器算法。

表 3-4　各种 LJ 势能参数

分子	ε_{ij}/(kJ · mol^{-1})	σ_{ij}/nm
流体-流体	3.00	0.34
气体-气体	1.00	0.50
流体-固体(HOPG)	1.56	0.34
流体-固体(亲水)	2.10	0.34
气体-固体(HOPG)	2.10	0.40
气体-固体(亲水)	1.56	0.40

如图 3-20(a)所示，气体和液体均匀溶解并限制在由两个平面包围的纳米通道中。整个纳米通道被分为上、中、下三个区域。其中上为固体上壁面，为橙色区域，即固体 Cu 原子，具有亲水性；中间是液体和气体区域，其高度 $H=12$ nm，深蓝色代表液体原子，绿色表示气体原子；下为固体下壁面，为灰色区域，即具有疏水性的三层 HOPG(红色实线框)。HOPG 的晶格常数为 2.4595 Å。液体原子以面心立方排列，晶格常数为 5.5 Å。随机从液体原子中抽取 5%数量作为气体原子。Cu 原子以面心立方排列，晶格常数为 3.61 Å。在 x 和 y 方向上存在周期性的边界条件，z 方向上为固定边界条件。上壁面以恒速 $u_0=10^{-3}$ Å/fs 移动，总共有 1476 个原子。液体总原子数为 6520。气体总原子数为 326。下壁面为光滑的三层 HOPG 时，共有 3600 个原子。实验中建立了一个尺寸为$L_x \times L_y \times L_z=15\text{ nm}\times 2.2\text{ nm}\times 12\text{ nm}$ 的模拟盒。图 3-20(b)为 HOPG 基底的俯视图，可以看到完整的 HOPG 碳六环结构。图 3-20(c)为四种模型基底表面，有助于研究不同纳米泡分布所引起的减阻效应。表面①为光滑的三层 HOPG 基底，层间距为 0.17 nm。表面②为两层台阶 HOPG 表面，台阶的形貌为随机选取的不规则区域，第一层台阶最长宽度 w 为 1.1 nm，深度 d 为 0.17 nm；第二层台阶最长宽度 w 为 0.4 nm，深度 d 为 0.17 nm。表面③为凹坑 HOPG 表面，凹坑的宽度 w 为 0.5 nm，深度 d 为 0.17 nm。表面④为一层台阶 HOPG 表面，最长宽度 w 为 1.1 nm，深度 d 为 0.17 nm。

本书通过微通道气液两相流的滑移模型计算得到界面附近密度和速度分布，研究了不同纳米泡分布状态对减阻的影响。为了计算界面密度和流速分布，在稳态流动条件下进行了分子动力学模拟，上壁面以恒速u_0平移，而底壁始终保持静止，如图 3-20(a)所示。在整个模拟中将微通道的流体区域沿 z 方

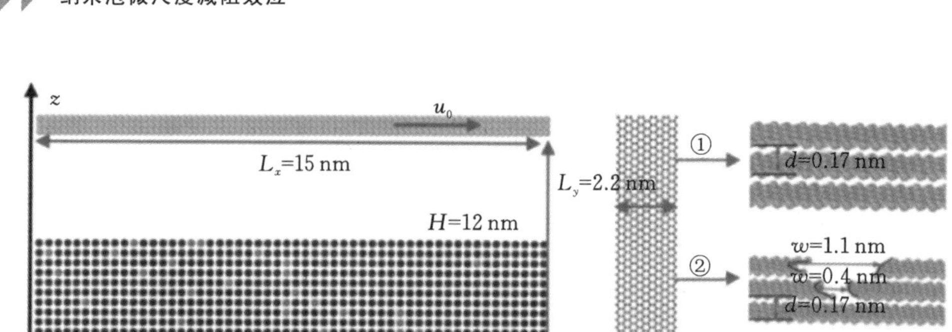

图 3-20 (a)HOPG 纳米通道中的溶解有气体分子的液体流动行为分析模型；(b)HOPG 基底俯视图；(c)用于不同纳米泡分布减阻分析的 4 种模型基底表面(有彩图)

向划分为 60 个窄段，每个分段宽度设置为 0.2 Å。在初始条件下，气体溶解在液体中，仿真得到了上述 4 种表面分别在 1 ns、3 ns、5 ns 和 8 ns 时刻纳米泡的成核现象(表 3-5)。观察到在 8 ns 时刻气体分子基本被上下壁面完全吸附，进一步对比微通道内不同 HOPG 壁面在 8 ns 时刻纳米泡的分布形态。结果表明：在 8 ns 时刻 HOPG 表面上聚集的气体主要表现为两种形态，第一种为帽状纳米泡(如表 3-5 中红色圆圈所示)，第二种为饼状纳米泡(如表 3-5 中红色矩形框所示)。8 ns 时，表面①在 HOPG 基底上生成 3 个大小不同的帽状纳米泡；表面②在 HOPG 基底共产生 2 个帽状纳米泡和 1 个饼状纳米泡，饼状纳米泡附于两层台阶边缘；表面③在 HOPG 基底边缘两侧生成 2 个较小的帽状纳米泡，并且在凹坑左右两侧各产生了 1 个饼状纳米泡；表面④在台阶边缘两侧分别各生成 1 个饼状纳米泡，同时在边缘左侧生成 1 个帽状纳米泡。现象表明：在 8 ns 时刻，不同 HOPG 基底表面的微通道上所生成的纳米泡的分布形态和大小都不相同。这是因为 HOPG 表面结构不同改变了气液固三相作用，非均匀成核活化能是导致纳米泡在 HOPG 表面分布状态改变的主要因素。

表 3-5　四种 HOPG 表面上纳米泡分布形态(有彩色表)

表面类型	时刻			
	1 ns	3 ns	5 ns	8 ns
①	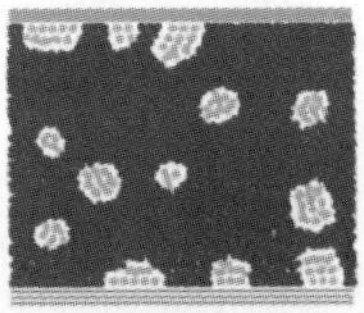	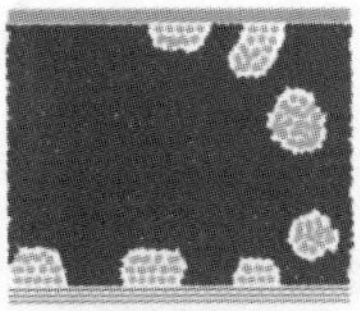	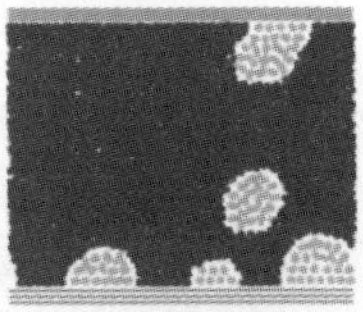	
②	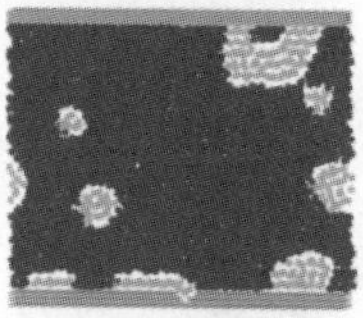	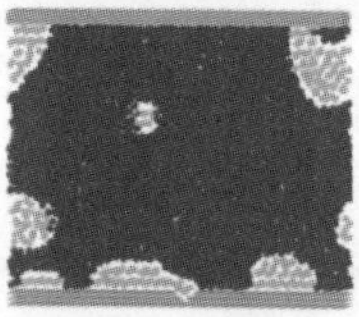	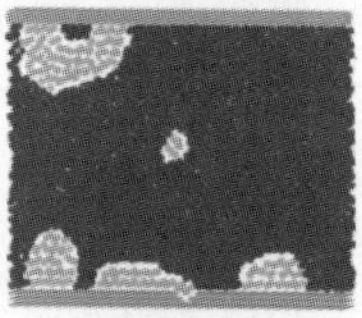	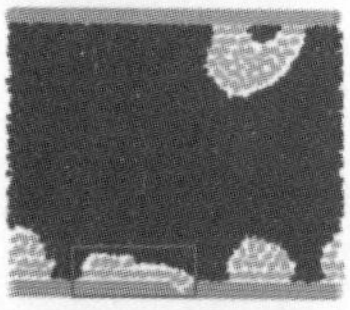
③	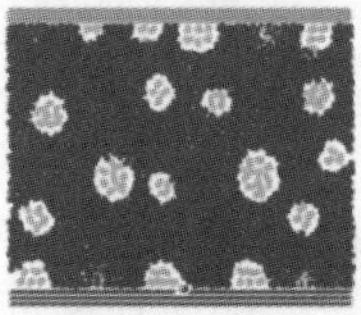	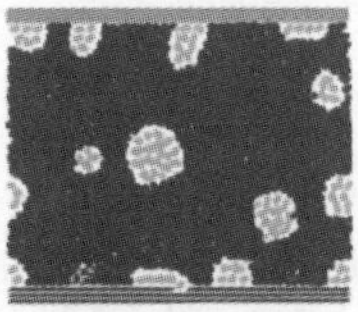	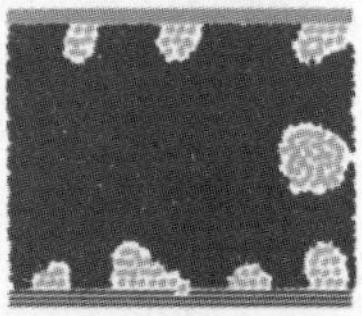	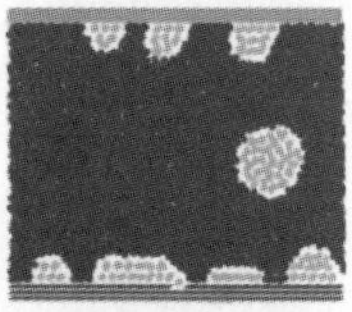
④	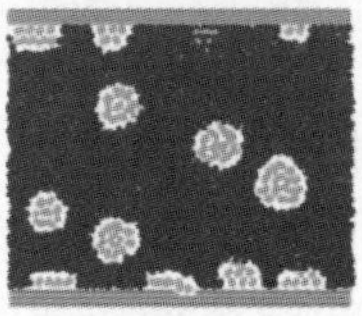	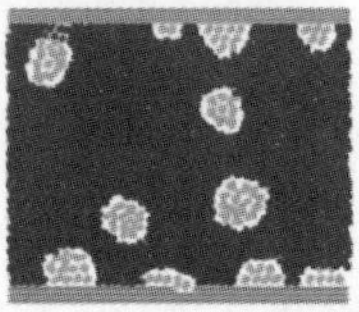	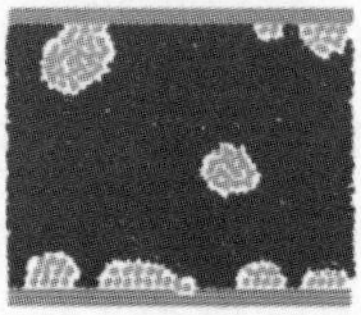	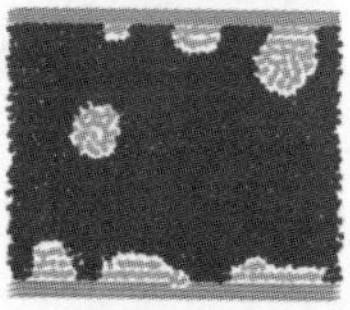

3.3.2　分布形态与滑移减阻的关联性

提取表 3-5 中在 8 ns 时刻不同 HOPG 表面下纳米通道内的流体密度，得到了 4 种纳米泡分布形态下库埃特流动的密度分布曲线，如图 3-21 所示，横坐标表示微通道长度，纵坐标表示流体原子的数量密度(每立方纳米的原子个数)。图 3-21 对比了纳米通道内 4 种纳米泡分布形态下流体密度的分布规律。通道内上壁面都为 Cu 原子，通过统计图 3-21 横坐标 0 Å 和 120 Å 附近每立方纳米流体的原子个数，得到 4 种分布形态下壁面和上壁面存在的流体分子数分别为 1530 个、1120 个、1290 个、1170 个和 1605 个、1575 个、1455 个、1365 个。数据表明：上壁面与下壁面吸附的流体分子数不同，这是由于上下壁面对流体的作用力不同所导致的。同时，可以观察到纳米通道中间的流体密度分布有轻微波动，这是因为有少量气体分子存在。在 HOPG 表面，液体密度分布有所不同，这是因为 HOPG 壁面对气液两相作用力不同而诱导出纳米泡分布的差异，从而导致固液界面边界滑移。

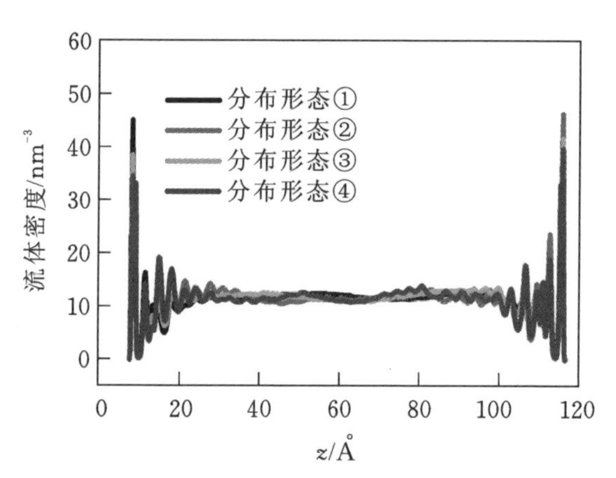

图 3-21　不同纳米泡分布形态下流体密度分布曲线(有彩图)

图 3-22 为不同纳米泡分布形态下行为快照和速度分布的比较。如图 3-22 左侧所示，HOPG 表面上标注了每个纳米泡的尺寸，并用红色数字 1、2、3、4 标记了纳米泡的个数，其中 D 为纳米泡直径，H 为纳米泡高度。这些数据将对下文计算等效气体膜厚度提供支持。图中右侧的灰色和橙色两纵坐标分别代表 HOPG 和 Cu 原子的固体壁面，红色点值代表不同位置的速度值。通过最小二乘法拟合得到壁面纳米泡影响下的速度分布曲线，如红色实线所示，其中 R 是趋势线和测量值之间的差异。在所有情况下，速度剖面的拟合线是通过 R^2 系数来估计拟合的。根据液体内部的速度梯度，通过线性外推延长拟合线至与横坐标相交来计算滑移长度 L_s。纳米泡分布形态①、分布形态②、分布形态③和分布形态④的滑移长度分别为 2.919 nm、2.429 nm、1.959 nm 和 1.450 nm。

统计图 3-22 左侧四种 HOPG 表面每一个纳米泡的高度 H 和直径 D，如表 3-6 所示。通过每一个纳米泡的 H 计算得到四种分布形态下纳米泡的平均高度分别为 2.653 nm、2.146 nm、1.900 nm、1.996 nm。通过 D 计算了四种分布形态下纳米泡的覆盖率 φ 分别为 0.595、0.713、0.786、0.725。通过公式(3-4)计算等效气体膜厚度：

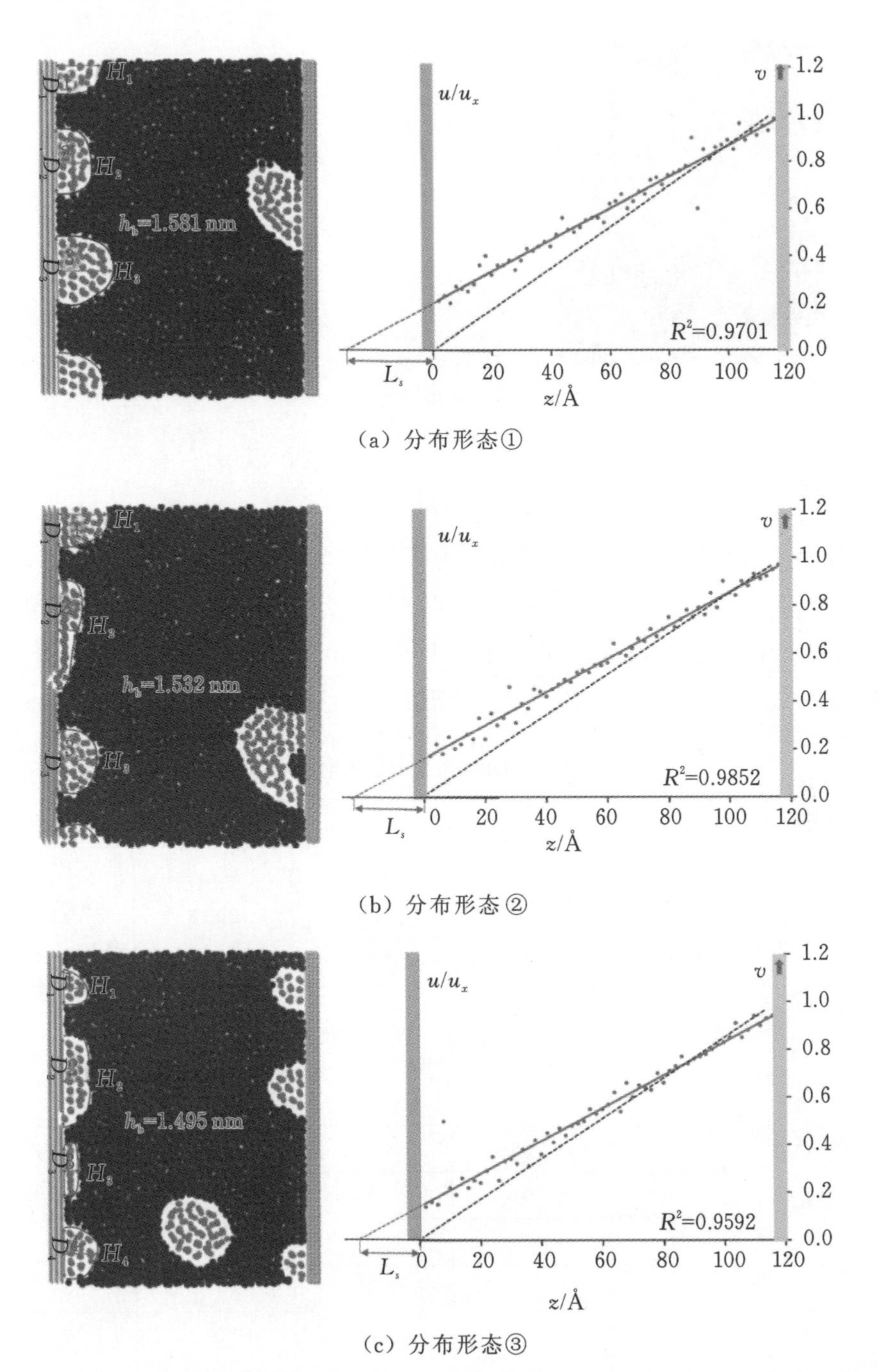

(a) 分布形态①

(b) 分布形态②

(c) 分布形态③

图 3-22　液体通过 HOPG 表面的纳米通道流动时的纳米泡行为快照以及速度分布(有彩图)

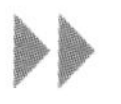

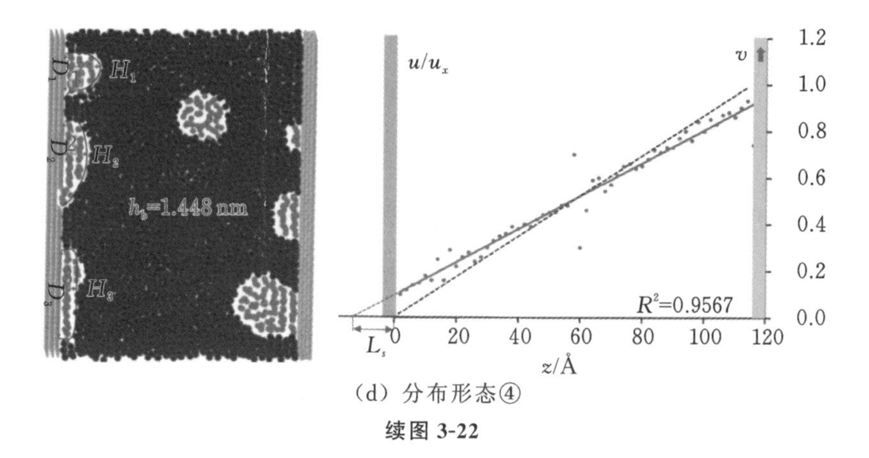

（d）分布形态④

续图 3-22

$$h_b = H_b \varphi \tag{3-4}$$

其中，H_b为平均高度，φ 为覆盖率，h_b 为等效气体膜厚度。

通过计算我们得到了纳米泡分布形态①、分布形态②、分布形态③和分布形态④下纳米泡等效气体膜厚度分别为 1.581 nm、1.532 nm、1.495 nm、1.448 nm，如图 3-22 左侧红色字体 h_b所示。

表 3-6　四种 HOPG 表面上纳米泡尺寸参数

分布形态	编号	H/nm	D/nm	H_b/nm	φ
①	1	2.67	3.67	2.653	0.595
	2	2.13	3.35		
	3	3.16	3.27		
②	1	2.52	3.20	2.146	0.713
	2	1.49	4.51		
	3	2.43	2.96		
③	1	2.00	1.97	1.900	0.786
	2	1.94	4.45		
	3	1.46	2.87		
	4	2.20	2.49		
④	1	2.49	2.55	1.996	0.725
	2	1.92	3.92		
	3	1.58	4.45		

图 3-23 为等效气体膜厚度与滑移长度的关系曲线图，用系数 R^2 表达等效气体膜厚度与滑移长度关系的拟合趋势。在仿真中，滑移长度的误差范围为 0.2%～0.35%。结果表明：随着等效气体膜厚度的增加，滑移长度也随之增加。由于固体 HOPG 表面与液体之间有截留的气体，截留气体量越多越稳定，滑移长度越大，产生的润滑减阻效果越明显。

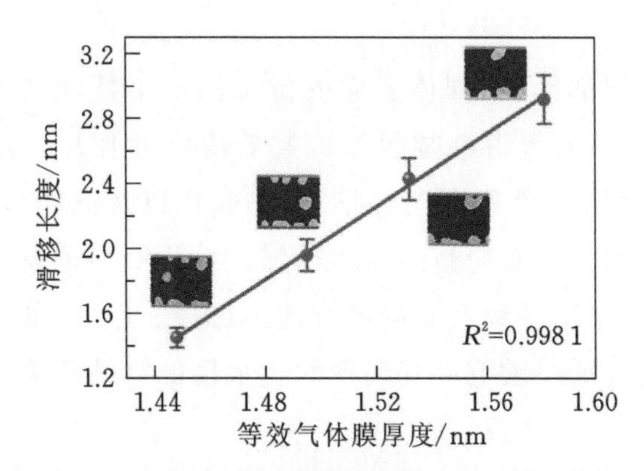

图 3-23　等效气体膜厚度与滑移长度的关系(有彩图)

本节通过构建基于表面微结构、润湿性和温度耦合作用的多仿真方法，揭示了 Leidenfrost 效应对微通道流动中纳米泡成核机制的作用，同时探讨了纳米泡分布形态差异对微通道滑移减阻的影响。

第4章　基于形状记忆材料温控性能的多重微结构调控研究

前面的研究内容都提到，固体表面的微结构疏水特性对纳米泡的稳定性控制和Leidenfrost纳米泡滑移减阻效应起着决定性作用。随着机电系统微型化进程的加快，微纳器件逐渐向轻量化、集成化以及低能耗的方向发展，其尺寸的不断缩小导致界面效应被凸显和增强。最为明显的是摩擦机械热作用会对表面结构造成破坏，导致表面疏水特性不可控。因此，如何通过宽温域范围内的表面微结构特征热敏响应实现表面疏水性能自适应调节是亟待解决的关键问题。

本章制备了一种基于形状记忆聚合物的疏水表面。该表面是在形状记忆环氧树脂表面构建的，通过热响应的方式来调控环氧树脂的微结构，进而控制表面的润湿性能。形状记忆聚合物（SMP）表面在外部的压力作用下，表面的微结构会被破坏，表面也会失去疏水性。然而经过简单的加热之后，表面上被破坏的微结构和疏水性都能够恢复，表明SMP表面在微观结构破坏方面有着良好的自恢复性能。本章还通过仿真模拟形状记忆聚合物的微结构表面找到最大接触角的结构，以及结构破坏后的最小接触角，以期进行结构优化。

4.1　具有疏水微结构的形状记忆材料制备

4.1.1　高分子聚合物的形状记忆材料

这里利用一种基于高分子聚合物的形状记忆材料，通过微米级圆柱结构加工制备方法，达到通过温度变化来调控表面的润湿性能的目的。实验首先通过光刻法制备带有微圆柱结构阵列的硅片，使用聚二甲基硅氧烷（PDMS）作为中间模具来复刻硅片表面的微结构阵列。以PDMS作为模具，通过模具法来制备疏水形状记忆聚合物(SMP)微结构表面。制备成功的 SMP 表面有微结构,当表面被外力破坏时,能够通过温度实现微结构的自恢复。SMP 表面制备所需实验材料如表 4-1 所示。

表 4-1 SMP 表面制备实验材料

材料	规格	厂家	用途
硅片		捷虹达	微圆柱结构模具
环氧树脂 E-51	工业级	武汉欣申试化工科技有限公司	形状记忆材料
4,4-二氨基二苯甲烷	分析纯	武汉欣申试化工科技有限公司	固化剂
聚二甲基硅氧烷 A 胶	工业级	捷虹达	微圆柱结构倒模
聚二甲基硅氧烷 B 胶	工业级	捷虹达	微圆柱结构倒模
氟硅烷	分析纯	捷虹达	脱模剂

4.1.2 试验样品制备

SMP 微结构表面是基于模具法制备的,首先将设计的微观几何形状通过光刻法制备为硅片模具,然后利用模具在 SMP 表面复刻微观结构,实现 SMP 微观结构的制备。

1. 光刻硅片表面微结构的制备

首先设计出我们所需的微结构阵列,然后根据设计的结构大小来制作带有微圆柱阵列的硅片。带微圆柱阵列的硅片制备流程如图 4-1 所示,首先去除硅片表面的污染物使硅片保持洁净,接着在硅片上面涂敷一层光刻胶使硅片在刻蚀后能够形成想要的结构,然后在光刻胶表面覆盖一层铬掩膜使光刻胶在曝光后留下相应的结构。对处理好的硅片进行曝光去除多余的光刻胶,接着去除光刻胶表面的掩膜,再对硅片进行刻蚀处理,被光刻胶覆盖的地方会保留下来,最后去除硅片表面的光刻胶就能够得到带有微圆柱结构阵列的硅片。用扫描电镜表征带有微圆柱结构的硅片,如图 4-2 所示。

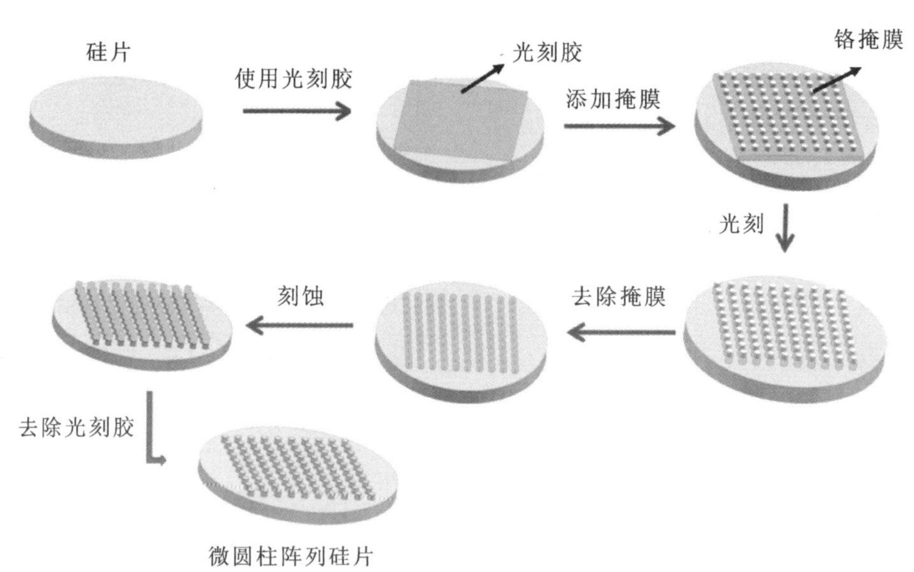

扫码查看
第 4 章彩图

图 4-1　微米级圆柱阵列的光刻硅片模板制备流程图(有彩图)

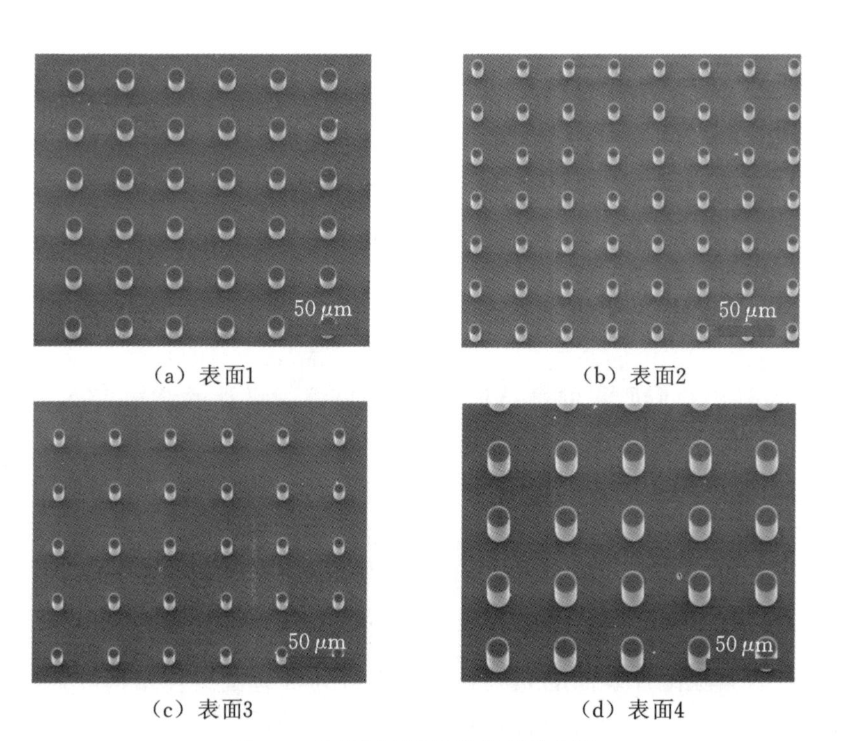

(a) 表面1　(b) 表面2

(c) 表面3　(d) 表面4

图 4-2　硅片表面微圆柱阵列形貌图

2. PDMS中间模具的制备

通过对硅片表面进行光刻,实现了设计尺寸的微米级圆柱阵列结构模具的制备。由于光刻硅片材料较脆,在对SMP材料上结构进行转移的时候,会出现脱模困难和微结构的破坏。因此,选用常温下材质较软的PDMS来作为中间模具,可以保证SMP表面制备脱模时的结构完整性。PDMS的制备过程如下:将制备好的光刻硅片放入容器内滴加100 μL的LMCS溶液,然后密封使其挥发沉积在硅片表面,产生抗黏附效果。将PDMS A胶与B胶按照10∶1的比例混合,在真空环境(133 Pa)下除泡0.5 h左右。将除泡完成的PDMS混合物倒入装有硅片的容器内,放入85～90 ℃的真空干燥箱(DZF6050)内加热1 h,使其固化。然后将固化完成的PDMS小心剥离出来,得到PDMS中间模具。

3. 形状记忆疏水表面的制备

利用PDMS模具可以制备微米级圆柱阵列形状记忆环氧树脂疏水表面。首先将环氧树脂E-51放入干净的烧杯中,用磁力搅拌加热器(IT-07A-3型)在90 ℃下搅拌加热5 min,再加入一定比例的固化剂4,4-二氨基二苯甲烷(环氧树脂∶DDM=10 g∶1.2 g)加热至110 ℃,搅拌10 min,直至环氧树脂和固化剂混合均匀且无肉眼可见的气泡。由于制备的PDMS中间模具是个圆片状,无法倒入环氧树脂,将PDMS中间模具放入特制的硅胶模具中形成一个组合模具,再将混合好的环氧树脂倒入组合模具,如图4-3所示。将装有环氧树脂的组合模具放入真空干燥箱中真空(133 Pa)除泡0.5 h,最后在80 ℃下固化150 min,在150 ℃下固化180 min。把固化完成的环氧树脂小心地从中间模具中剥离出来,得到具有形状记忆功能的疏水表面。

4.1.3 形状记忆环氧树脂微结构疏水表面性能测试

1. 形状记忆性能测试

使用白光干涉仪(布鲁克公司)和扫描电镜拍摄制备完成的SMP表面形貌,观察硅片表面的微圆柱结构是否完整转移到SMP的表面。然后将成功制

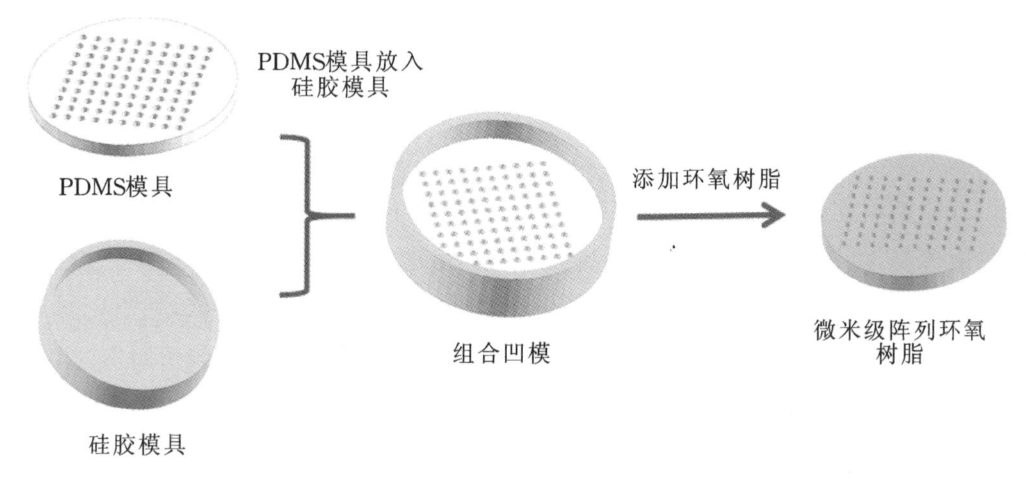

图 4-3 微米级圆柱阵列形状记忆环氧树脂疏水表面的制备

备的 SMP 表面放入真空干燥箱中加热，使样品加热至超过玻璃态转化温度后取出，使用干净光滑的硅片压在样品上方，倾斜方向上施加一定的力使样品表面的微圆柱结构倒塌直至样品冷却到室温。去掉施加的力后，样品表面的微圆柱结构也能维持在被压倒的状态。通过扫描电镜观察冷却后样品的微圆柱结构的变化。之后将微结构被压倒的样品再次放入真空干燥箱中加热，使样品温度超过玻璃态转化温度并保持一段时间后取出，等待样品冷却到室温，再次使用扫描电镜观察样品微圆柱结构的变化。

2. 形状记忆疏水表面的润湿性能测试

采用接触角测量仪(JGW-360B)测量制备完成的形状记忆疏水表面的静态接触角，这里以水滴的静态接触角作为评判表面润湿性的依据。使用体积为 5 μL 的去离子水作为测试液体，记录液滴滴落在样品上的接触角，使用仪器自带的软件分析测量样品的静态接触角值。每个样品取不同区域测量 5 次，取 5 次测量的平均值作为样品的初始静态接触角值。之后以同样的方式测量微结构被压倒后的样品静态接触角值以及微结构恢复完成的样品静态接触角值。

4.2　微结构表面的形状记忆及其可调控润湿性研究

4.2.1　SMP 表面的微结构的初始形貌

通过前面研究所述的 SMP 微结构的制备方法，制备得到了四种具有不同微圆柱结构阵列的 SMP 表面。使用扫描电镜和白光干涉仪得到四种微圆柱结构的三维表征图，如图 4-4 所示。图 4-4(a)～图 4-4(c)分别指定为表面 1～表面 3，每一个单圆柱直径都是 10 μm，高度都是 20 μm，相邻圆柱的间距分别为 20 μm、30 μm 和 40 μm。图 4-4(d)指定为表面 4，表面 4 上的微圆柱阵列中圆柱的高度保持 20 μm，圆柱直径增加为 15 μm，间距为 30 μm。从图 4-4中可以看出，所制备的 SMP 表面每个圆柱结构完整，尺寸一致，并且分布规则，没有出现破损和倒伏的情况。四种结构完全复制了硅片表面结构(如图 4-2)，说明硅片上的结构完整地转移到了 SMP 表面，从而证明此实验制备方法能够有效地将所设计微结构复制到 SMP 表面。

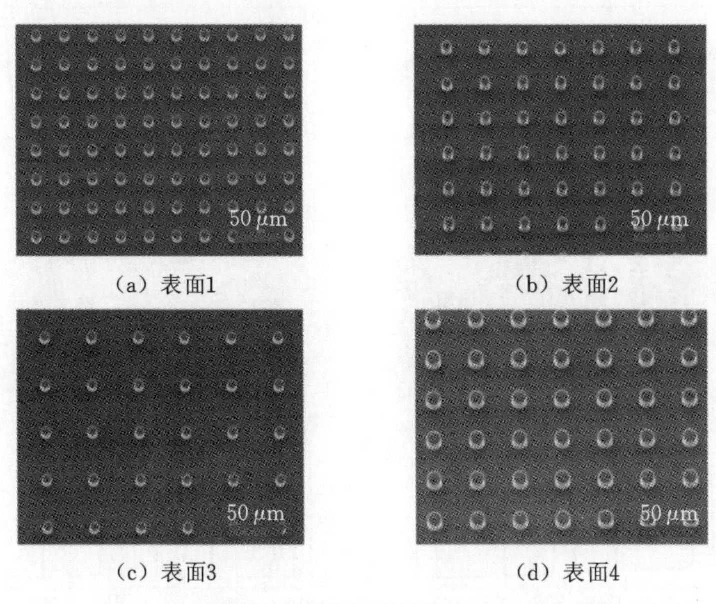

(a) 表面1　(b) 表面2

(c) 表面3　(d) 表面4

图 4-4　扫描电镜拍摄的不同结构的 SMP 表面形貌

4.2.2 SMP 表面微结构形状记忆性

为了研究 SMP 表面的形状记忆性能，对这四个不同微结构 SMP 表面加热 5 min，温度加热到 90 ℃。然后在加热完成的 SMP 表面施加外力来压倒 SMP 表面的微圆柱结构，使原本直立的圆柱倒下来，但是保持柱体直径不变，柱体压倒后，高度改变为 D_c。保持施加的外力至温度冷却到室温后撤去，表面的结构能够保持在被压倒的形状，这时的形状称为临时形状，SMP 处于可逆相状态。

图 4-5 中四组图分别对应图 4-4 中四种 SMP 微结构处于可逆相状态时的表面形貌，每组图的左上图为电镜扫描图，从图中可以看到表面微圆柱均已被

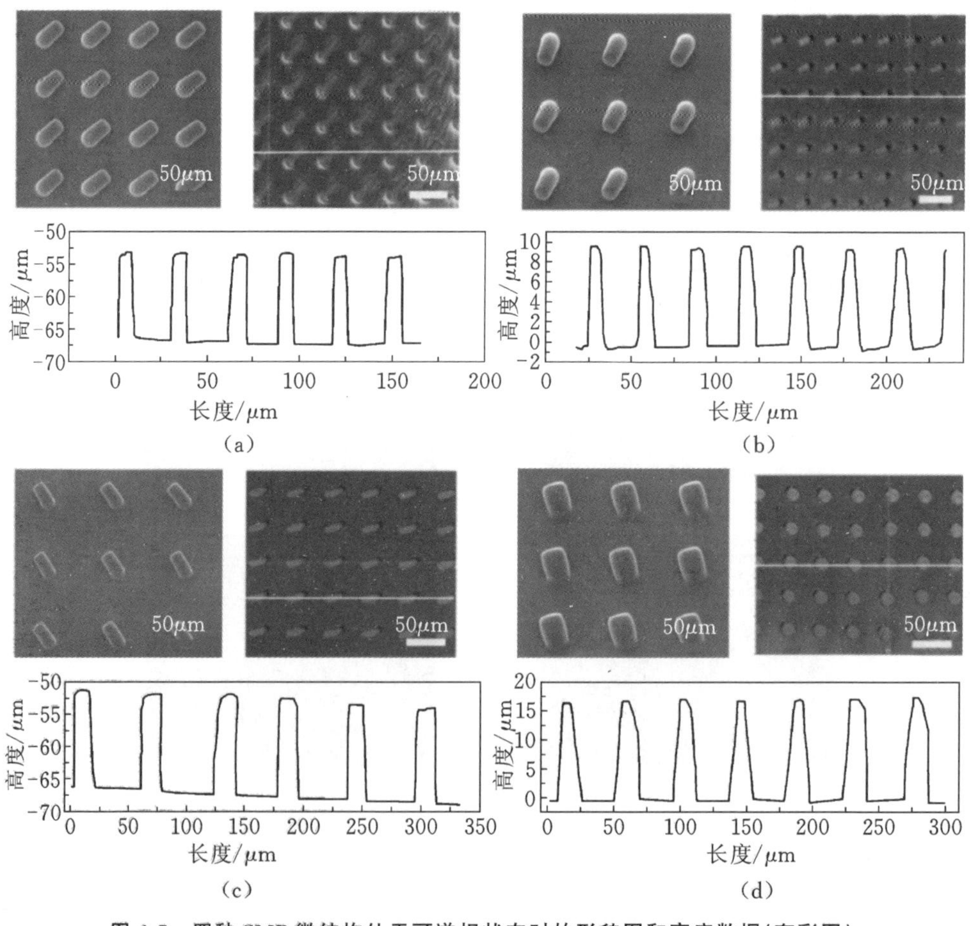

图 4-5 四种 SMP 微结构处于可逆相状态时的形貌图和高度数据(有彩图)

压塌，且四个表面各自的压倒方向都是一致的，说明四个表面上微结构的受力是均匀的。每组图的其余两图为白光干涉仪拍摄的三维形貌以及其高度轮廓曲线，从中可以清楚地看到表面微圆柱压倒后的高度分别变为 10 μm、10 μm、10 μm、15 μm，对应等于四个表面圆柱体的直径 D_c。然后把四个被压塌的微结构 SMP 表面放入干燥箱中加热到 90 ℃，此温度高于 SMP 微结构的玻璃态转化温度（85 ℃），温度稳定 5 min 后，SMP 的可逆相状态恢复自由，SMP 表面的压倒微圆柱结构向着固定相所记忆的永久形状状态恢复。

此时，再次对四种微结构表面进行微观观测（如图 4-6），发现四种不同尺寸的微结构 SMP 表面均已恢复到原始高度 20 μm，并且圆柱直径和圆柱之间的间距等都能很好地保持原状。由此可以说明，此 SMP 表面上的微结构在高度压倒至 D_c 时，通过 SMP 的温敏响应，被压倒的微圆柱结构能够恢复到初始状态，同时这四种结构的表面微结构恢复率达到 100%。因为形状记忆在实际的工作中会经常被触发响应，所以形状记忆的耐久性是材料在实际使用中非常重要的性能。

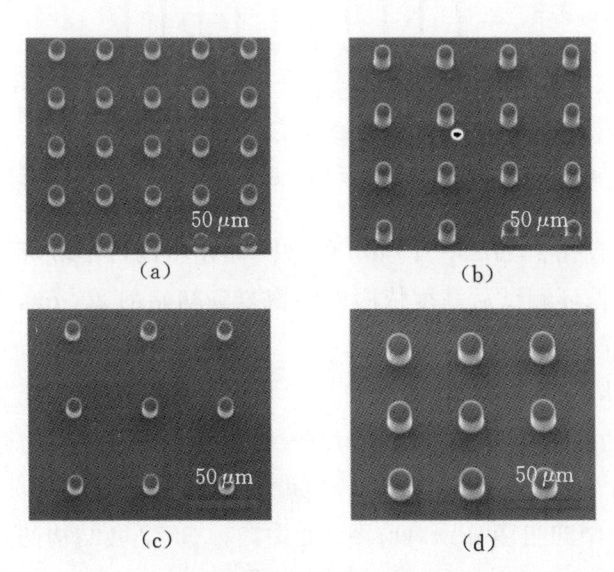

图 4-6　四个 SMP 表面微圆柱经加热恢复后的微结构 SEM 图片

为了确定 SMP 表面形状记忆的耐久性，本实验对四个不同尺寸的 SMP 表面进行恢复循环测试。图 4-7 为进行了多次形状记忆循环过程记录的微阵列圆柱压倒恢复的高度折线图。由于被压倒的微圆柱结构恢复能力与微圆柱的直径以及高度有关，和微圆柱之间的间距无关，直径 10 μm 的线图代表表面 1～表面 3 的循环测试结果。图中黑线代表固定相的原始形态高度，红线代表可逆相的压倒形态高度。从两条形状记忆曲线规律中可以看到，两种不同直径的微圆柱结构表面在 10 次循环测试中，每次压倒后高度(红色点所示)都等于该圆柱直径，同时温敏响应后恢复的高度都和原始加工的圆柱高度一致。

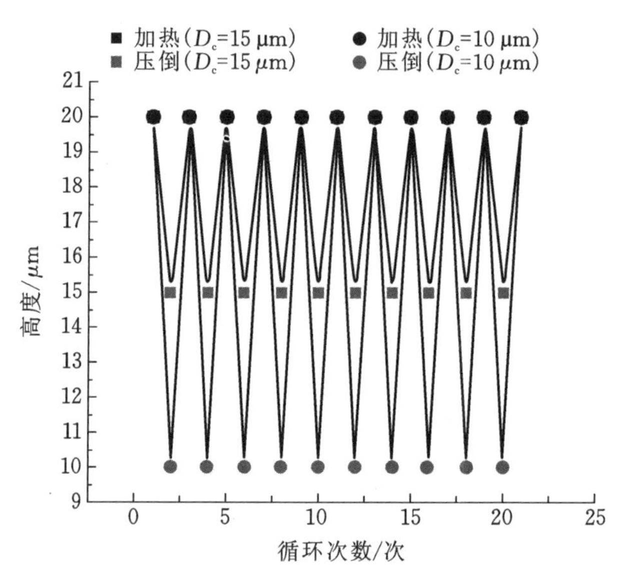

图 4-7　SMP 微圆柱高度被压倒至直径的循环测试图(有彩图)

可以看出，直径 10 μm 和 15 μm 的微圆柱在压倒且不破坏圆柱体形态的时候，进行多次循环测试后高度依旧能够恢复到初始的 20 μm，说明此时两个结构都有着良好的形状记忆功能。

这里进一步测试 SMP 表面微结构形状记忆功能的恢复能力。加大外力来对四个表面的微结构进行压倒，施加外力使四个不同结构的微圆柱高度分别压倒为 8 μm、8 μm、8 μm、12 μm，也就是压倒后高度为原来直径的 80%($0.8D_c$)。图 4-8 中四组图分别对应图 4-9 中四种 SMP 微结构的处于可逆相状态时的表面形貌，每组图的左上图为电镜扫描图，从图中可以看到表面微圆柱均已被压塌，且四个表面各自的压倒方向都是一致的，四个表面上微结构的受力是均匀的。每组图的其余两图为白光干涉仪拍摄的三维形貌以及其高度轮廓曲线，从中可以清楚地看到表面微圆柱压倒后的高度分别变为 8 μm、8 μm、8 μm、12 μm，对应等于四个表面圆柱体直径的 4/5($0.8D_c$)。

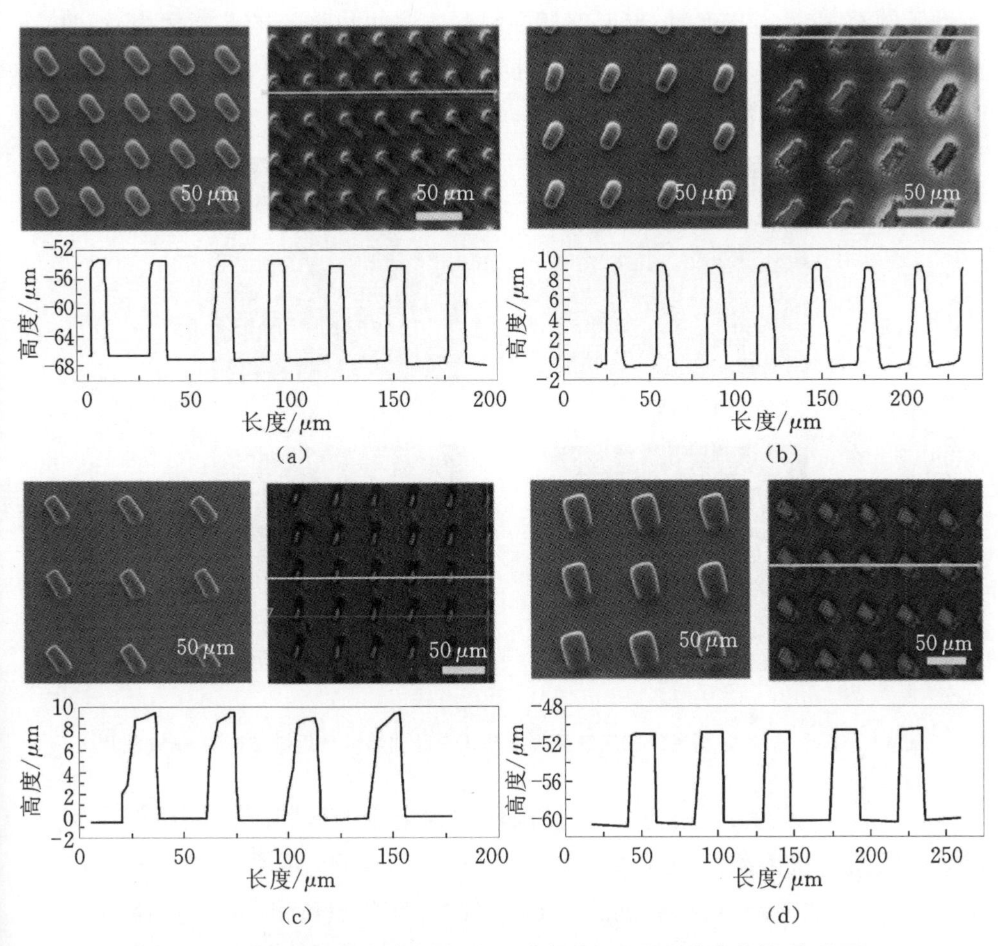

图 4-8　四个表面微结构被压倒至低于直径的形貌图和高度数据(有彩图)

重复第一次操作,把四个被压塌的微结构 SMP 表面放入干燥箱中加热到 90 ℃,温度稳定 5 min 后,观察表面形貌。发现三个表面微结构已无法复原,如图 4-9 所示,说明三个圆柱直径为 10 μm 的表面微结构在压倒至 0.8 倍高度时,形变已经超出本身材料可以恢复的极限,导致无法恢复到最初形状。形状记忆聚合物的分子之间会交互形成交联网络,如果在形状记忆循环的过程中交联网络的部分交联点被破坏那么就不能恢复到初始形状。SMP 表面的微圆柱高度在被压倒至 0.8 倍直径高度时,微圆柱的交联网络中的交联点被外力破坏导致无法恢复到初始形状。只有微圆柱直径为 15 μm 的表面微结构可以恢复,且此表面的微结构恢复后的高度依旧为 20 μm。说明这个表面微结构在被压倒至 12 μm 高度时，形变率还在材料本身可以恢复的范围之内，而且表面的微结构恢复率能够达到 100%。同样对高度压倒为 0.8 倍直径大小的微圆柱进行压倒恢复循环测试。

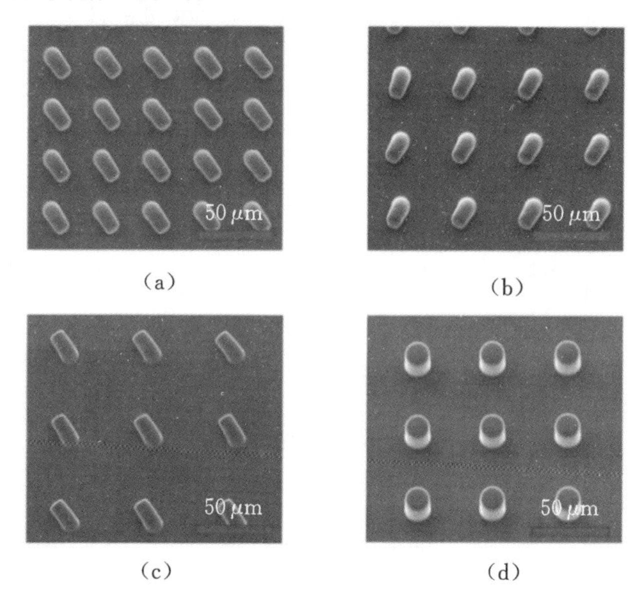

(a) (b) (c) (d)

图 4-9 四个 SMP 表面高度被压倒至直径的 4/5 经加热恢复后微结构的 SEM 图片

图 4-10 为进行了多次形状记忆循环过程记录的微阵列圆柱压倒恢复的高度折线图。从两条形状记忆曲线规律中可以看到，直径为 15 μm 的微圆柱在经过 10 次循环测试后，每次压倒后高度(红色点所示)都为直径的 4/5，同时温敏响应后恢复的高度都与原始加工的圆柱高度一致。而直径 10 μm 的微圆柱由于第一次压倒后无法恢复，因此经过多次加热仍然无法恢复到初始高度，说明在高度压倒至低于直径大小时 15 μm 的微圆柱有着更好的形状记忆功能。

通过两次对四个不同尺寸的 SMP 表面微结构进行压倒-恢复的循环测试能够发现，直径较大的 15 μm 圆柱体被压倒至高度为 $0.8D_c$ 时，还能够温敏响应恢复到原始圆柱结构；直径较小的 10 μm 圆柱体被压倒至高度为 $0.8D_c$ 时，圆柱体的结构变化导致形状记忆效应失效而无法恢复。因此，直径 15 μm 的微圆柱结构较直径 10 μm 的微圆柱结构，其形状记忆功能更优。这个现象说明微圆柱结构的尺寸参数实际上会影响温敏形状记忆的恢复能力。

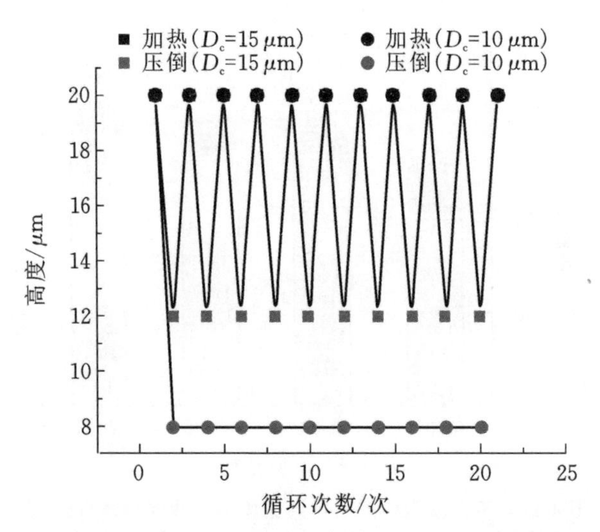

图 4-10　微圆柱高度被压倒至直径的 4/5 时的循环测试图(有彩图)

4.2.3　SMP 表面润湿性调控

1. SMP 表面固定相初始状态润湿性

基于本书提出的光刻硅片复刻法可以实现 SMP 微米级结构表面的制备，而微米尺度下的结构可以重构表面润湿性能，因此利用 SMP 表面的温敏形状自恢复性能，可以达到通过 SMP 表面的微米级结构对温度的响应特性来调控表面亲疏水性的目的。首先对四个初始结构 SMP 表面的润湿性进行测试。图 4-11 为不同结构的 SMP 表面的液滴静态接触角。由图 4-11 可以看出，表面 1、表面 2 和表面 3 的微圆柱结构完全一致，间距分别为 20 μm、30 μm、40 μm，对应的接触角分别为 120.2°、126.7°、126.5°，由此认为间距会影响静态接触角的大小。表面 4 的微圆柱直径为 15 μm，大于其他表面的微圆柱直径(10 μm)，其接触角最大，为 128.8°，由此认为直径也会影响表面静态接触角的大小。

2. SMP 表面的润湿性调控

通过测试 SMP 表面固定相初始状态的润湿性，可以看到四种 SMP 表面固定相初始状态都呈现出疏水特性。接着对压倒后的四种 SMP 表面可逆相

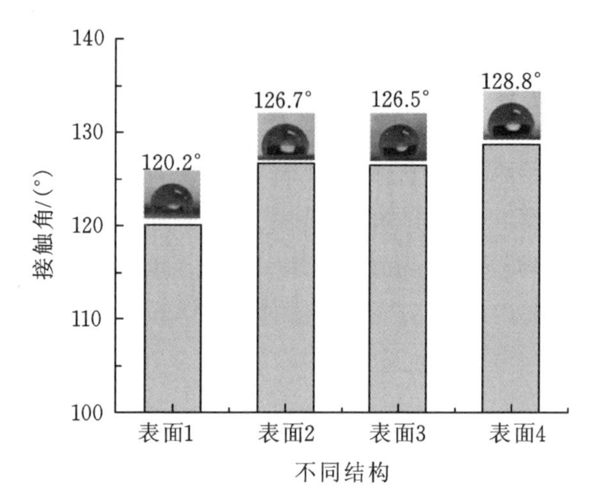

图 4-11　不同微圆柱阵列初始结构下的液滴静态接触角

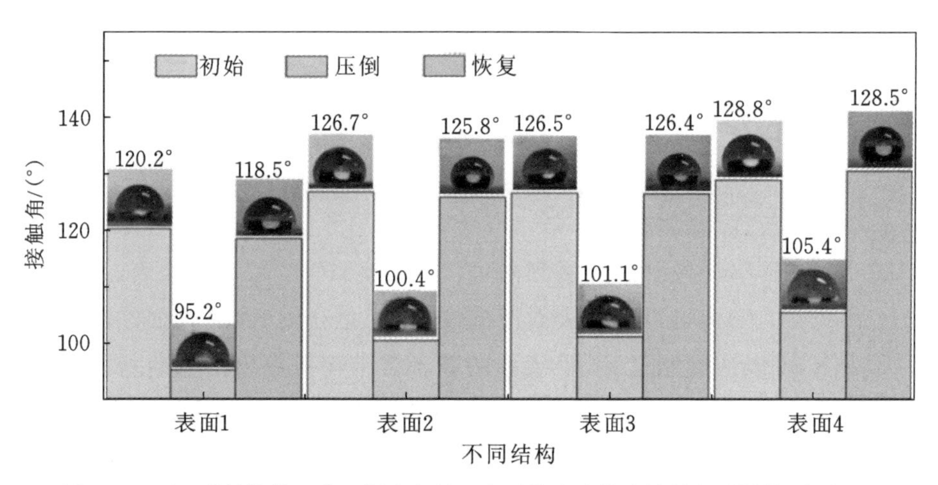

图 4-12　对四种结构第一次压倒和加热回复后的水滴静态接触角测量值(有彩图)

压倒状态进行润湿性测试,结果如图 4-12 所示。柱状图黄色、绿色和紫色分别对应为表面微结构初始、压倒、恢复状态的水滴接触角测量值。可以看出在压倒后不同 SMP 表面结构的接触角都有所降低,分别为 95.2°、100.4°、101.1°、105.4°,但是压倒后四种表面仍然都是疏水表面。表面加热后,四种表面微圆柱结构恢复,测量的接触角值分别为 118.5°、125.8°、126.4°、128.5°,疏水性能基本能够恢复到初始状态。四种表面结构恢复前后的接触角变化差值分别为 23.3°、25.4°、25.3°、23.1°,接触角变化最大的是表面 2。加热恢复后表面的接触角值和初始形状的接触角值有略微差异。加热恢复后的接触角与初始接触角测量值对比如图 4-13 所示。从图 4-13 中可以看出,恢复后的接触角与初始状态的接触角基本一致,可以确定在压倒高度为 D_c 时四种表面的疏水性能可以恢复到初始状态。因此可以观察到四种微圆柱结构表面受力变形和温敏恢复后都呈现出疏水特性,只是微圆柱压倒后表面的疏水性能有所降低,恢复以后疏水性能基本与变形前没有差异。压倒后四种表面的接触角依然在疏水范围内,并没有实现从最初的疏水到亲水的转换。

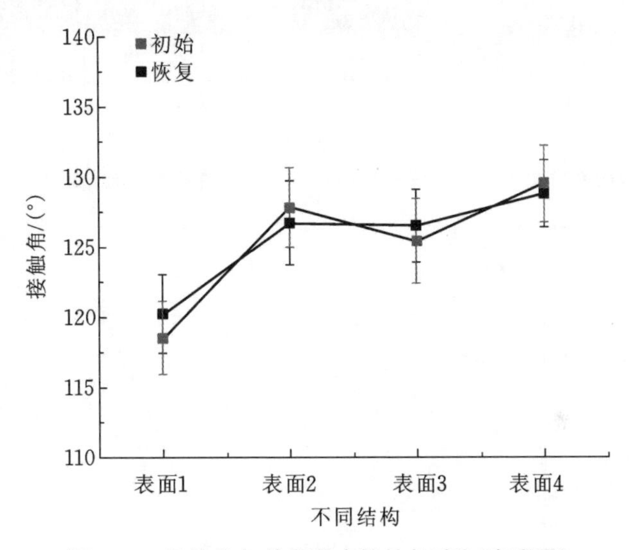

图 4-13　初始状态-恢复状态接触角对比(有彩图)

第二组实验是在原始微圆柱结构表面上加大外力,使得压倒高度小于微圆柱的直径,也就是破坏微圆柱体结构,所测量的微结构的液滴接触角以及通过温度响应恢复后测量的液滴接触角如图 4-14 所示。由柱状图数据可以看出,在压倒后四种表面的接触角相比上一次压倒都降低更多,分别为 83.2°、85.3°、86.2°和 88.1°。相较于前一次的压倒,此次压倒后的高度小于微圆柱直径,接触角也就更小,达到了亲水状态。加热后接触角分别恢复到 82.7°、86.5°、85.8°和 129.1°。从接触角的恢复数据来看,表面 1、表面 2 和表面 3 的接触角都无法恢复到初始大小,表面 4 的接触角能够恢复到初始大小,表面 4 压倒和恢复的接触角差值为 41°。加热恢复后的接触角与初始接触角测量值对比如图 4-15 所示,可以看出表面 4 的疏水性能基本能恢复到初始状态。由此可以看出,表面 1～表面 3 的微圆柱高度被压倒至 $0.8D_c$ 时,表面的润湿性能可以变换成亲水

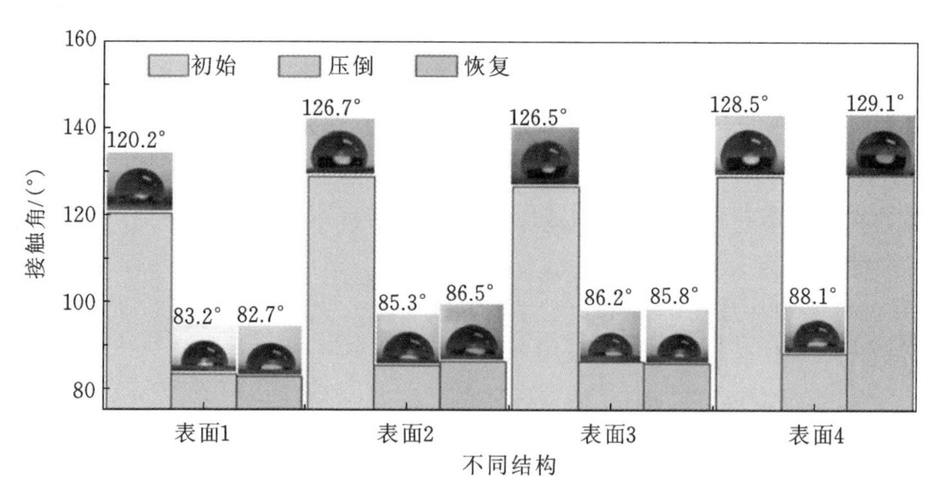

图 4-14 对四种结构第二次压倒和加热回复后的水滴静态接触角测量值(有彩图)

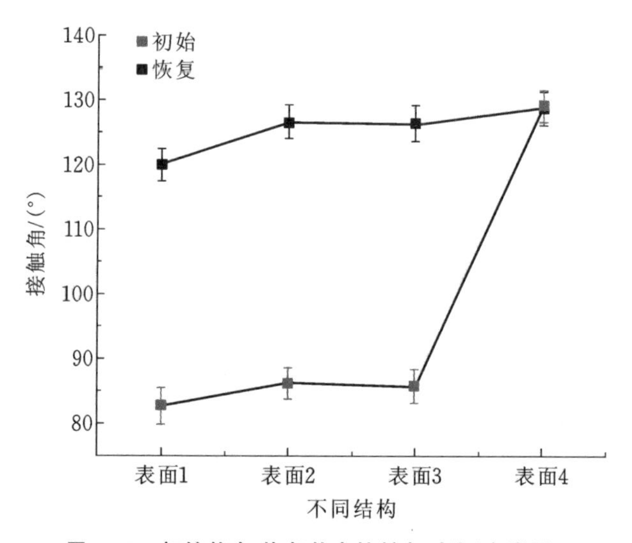

图 4-15 初始状态-恢复状态接触角对比(有彩图)

状态但是无法由温控响应恢复到疏水状态。而表面 4 的微圆柱高度被压倒至 $0.8D_c$ 时,表面的润湿性可以转换成亲水状态,并且通过温控响应可以恢复到初始的疏水状态。可以看出圆柱直径 10 μm 的结构在被压倒破坏后其润湿性无法恢复到初始状态,而圆柱直径 15 μm 的结构在被压倒破坏后其润湿性可以恢复到初始状态。

由此可以得出 SMP 表面微圆柱结构高度被压倒到直径 D_c 时,经过加热 SMP 表面微圆柱高度以及润湿性能都能够恢复到初始状态,但是 SMP 表面的润湿性依旧在疏水范围内。然而，当 SMP 表面微圆柱结构高度被压倒到低于 $0.8D_c$ 时，经过加热只有表面 4 的微圆柱高度以及润湿性能可以恢复到初始状态，并且表面的润湿性可以在亲水与疏水之间转换。

基于上文的润湿性能研究，可以看出微圆柱结构直径为 15 μm、高度为 20 μm 时，表面润湿性可以实现亲水与疏水之间的转换。现在基于最优恢复性结构对其润湿性在较大范围调控的循环性能进行研究。图 4-16 为 SMP 表面静态接触角的变化曲线，可以看出经过 10 次变形恢复后的微纳米环氧 SMP 阵列表面的接触角没有明显降低，经过形状恢复之后，接触角均保持在 130°以上。以上结果说明制备的微米结构 SMP 微阵列的可控润湿性具有良好的循环稳定性。

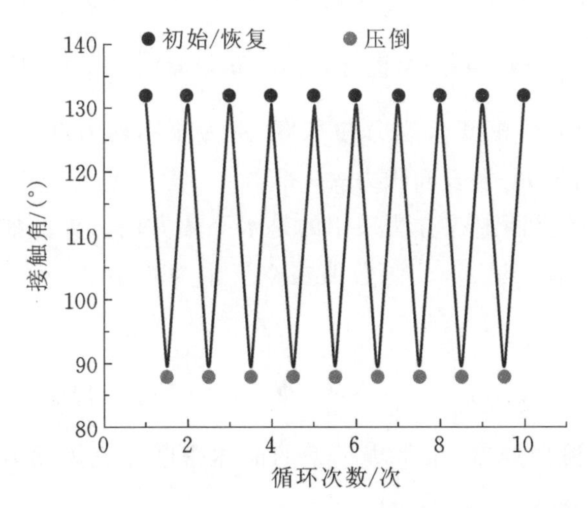

图 4-16　圆柱直径为 15 μm 结构连续压倒和恢复后表面的接触角测量值(有彩图)

4.3　SMP 形状记忆微结构表面的润湿性仿真分析

实验现象表明，利用温敏型高分子材料的微结构制备工艺，可以实现表面的润湿性转变，通过结构尺寸调整(微圆柱直径 15 μm，高度 20 μm)可以实现亲疏水性能的自适应调控。而微圆柱结构的形状记忆性能取决于压倒高度与微圆柱直径大小。因此，如何通过 SMP 微圆柱结构的自恢复性能实现亲疏水最大限度的转换是研究的关键。这里利用 CFD 有限元软件仿真建立 SMP 微圆柱表面变形和恢复的结构模型，通过液滴自然下落直到水滴接触表面来实现润湿性的计算,以期找出表面润湿性能可逆自恢复的最优结构。本书基于 CFD 有限元软件中的水平集两相流-层流模块,建立了与实验中四种微圆柱表面结构尺寸相同的物理模型,首先将仿真计算结果与实验结果进行对比来验证仿真模型的准确性,然后基于实验中最优的形状记忆性能的结构进行仿真优化设计,以期找到在这种圆柱结构下其表面润湿性能最优的尺寸间距。

4.3.1 壁面润湿性仿真模型的控制方程

本仿真采用的是两相流物理模型,气相和液相均采用恒定的黏度和密度。液滴撞击润湿壁面的过程满足 Navier-Stokes 控制方程:

$$\rho\left(\frac{\partial \boldsymbol{u}}{\partial t}+\boldsymbol{u}\ \nabla \boldsymbol{u}\right)=\nabla\left[-p\boldsymbol{I}+\mu\ \nabla \boldsymbol{u}\ (\nabla \boldsymbol{u})^{\mathrm{T}}\right]+\rho \boldsymbol{g}+\boldsymbol{F}_{\mathrm{st}} \tag{4-1}$$

其中,$\nabla \boldsymbol{u}=0$;ρ 为流体密度;$\boldsymbol{u}$ 为速度矢量;μ 为流体动力黏度;t 为时间;p 为压力;$\boldsymbol{I}$ 为单位矩阵;$\boldsymbol{F}_{\mathrm{st}}$为表面张力。

空气和液滴的界面追踪方法采用的是水平集方法。界面捕捉采用的是简化的 Heaviside 方程,其中液位函数值在空气中为 0,在液滴中为 1,水平集初始化方程为

$$\rho\left[\frac{\partial \boldsymbol{\phi}}{\partial t}+\nabla(\boldsymbol{\phi}\boldsymbol{u})\right]=\gamma\left[\varepsilon\ \nabla\cdot\nabla\boldsymbol{\phi}-\nabla\cdot\left(\boldsymbol{\phi}(\boldsymbol{\phi}-1)\frac{\nabla\boldsymbol{\phi}}{|\nabla\boldsymbol{\phi}|}\right)\right] \tag{4-2}$$

其中 ε 确定了过渡层厚度,水平集模型的流体密度和流体动力黏度由以下公式确定:

$$\rho=\rho_{\mathrm{a}}+(\rho_{\mathrm{l}}+\rho_{\mathrm{a}})\varphi \tag{4-3}$$

$$\mu=\mu_{\mathrm{a}}+(\mu_{\mathrm{l}}-\mu_{\mathrm{a}})\varphi \tag{4-4}$$

其中,ρ_{a}、ρ_{l}为气体和液体的密度;μ_{a}、μ_{l}为气体和液体的动力黏度。

表面张力通过以下公式确定:

$$\boldsymbol{F}_{\mathrm{st}}=\nabla \boldsymbol{T}=\nabla\cdot\left[\boldsymbol{\sigma}(\boldsymbol{I}-\boldsymbol{n}\boldsymbol{n}^{\mathrm{T}})\right]\delta \tag{4-5}$$

$$\boldsymbol{n}=\frac{\nabla\boldsymbol{\phi}}{|\nabla\boldsymbol{\phi}|} \tag{4-6}$$

其中,$\boldsymbol{\sigma}$ 为表面张力;$\boldsymbol{n}$ 为界面的法向向量;δ 为流体界面处非零的狄拉克函数。狄拉克函数近似为光滑函数:

$$\delta=6\left|\boldsymbol{\phi}(1-\boldsymbol{\phi})\right|\left|\nabla\boldsymbol{\phi}\right| \tag{4-7}$$

4.3.2　壁面润湿性仿真模型

1. SMP 固定相的微圆柱初始结构的润湿性仿真模型

建立不同尺寸参数的微圆柱结构表面润湿性仿真模型，如图 4-17 所示。整个模型尺寸为 1 mm×1 mm×0.8 mm 的长方体，整个域内充满空气。其中下壁面为 SMP 微圆柱表面的固体壁面，前后壁面设置为入口边界，入口气流流速设置为 0，模型压强为标准大气压，左右壁面为出口边界。水滴处于模型中心，距离润湿壁面 50 μm。水滴因重力自由下落，与 SMP 微圆柱壁面接触。采用自由四面体网格对整个模型进行划分。初始润湿壁面微结构尺寸设置如图 4-18 所示，初始壁面微结构为圆柱阵列，圆柱直径为 d，圆柱高度为 H，圆柱间距为 a。

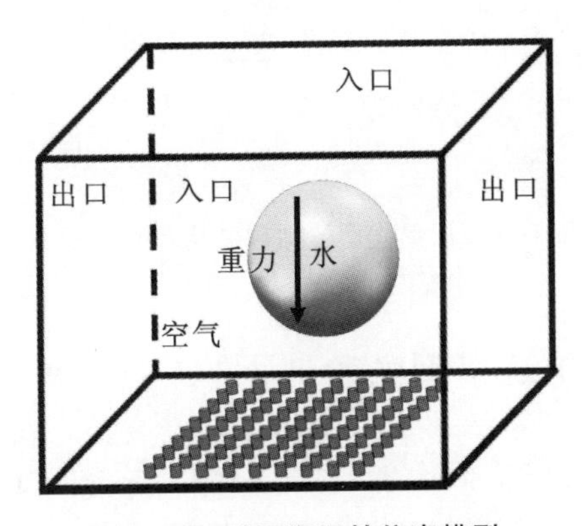

图 4-17　壁面润湿性仿真模型

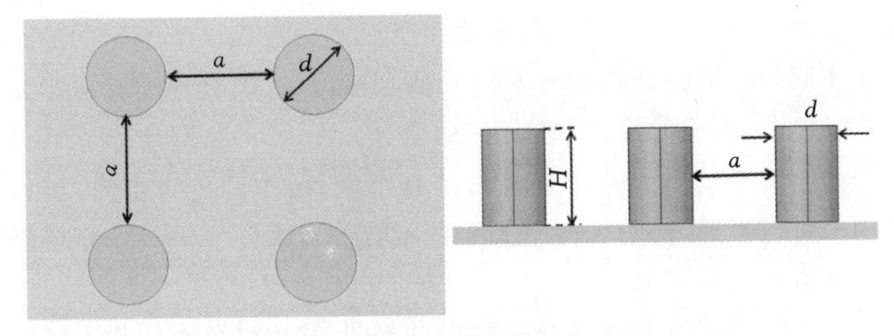

图 4-18　初始润湿壁面微结构尺寸示意图

2. SMP 可逆相的微圆柱压倒结构的润湿性仿真模型

在完成初始微结构水滴静态接触角仿真模型的构建后，根据前面实验所研究的在对样品施加一定的力使样品表面的微结构倒塌，此时样品表面的润湿性将处于亲水状态。针对这一现象，这里根据前面所构建的微结构初始状态模型来建立对应的压倒状态模型，来研究在这四种不同间距的情况下，被压倒的微结构的静态接触角。微结构被压倒模型的物理场设置与初始状态模型的设置一致。压倒微结构的尺寸如图 4-19 所示。

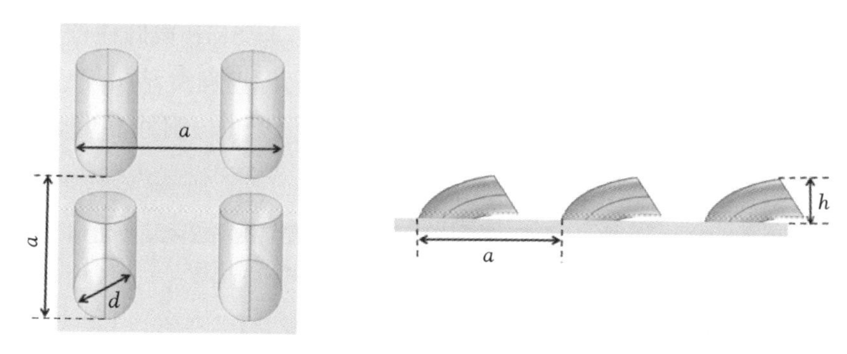

图 4-19　压倒润湿壁面微结构尺寸示意图

4.3.3　壁面润湿性仿真模型的验证

通过仿真计算水滴在壁面上的静态接触角，之后对比实验和仿真数据的差异，验证仿真模型的准确性。随着时间的推移，液滴在重力的作用下与壁面接触并逐渐在壁面上铺开，在 20 ms 时液滴稳定下来，水滴在壁面上的扩散结束。由于水滴与壁面间的作用力，水滴在壁面上会形成一个稳定的静态接触角。由于不同的壁面微结构拥有不同的疏水性，在水滴自身的表面张力作用下，水滴在壁面上形成的接触角有一定的差异。图 4-20 为 SMP 固定相的四种微圆柱初始结构上的水滴静态接触角仿真结果，图中蓝色为水滴，灰色为壁面。从图中可以看到，初始表面 1、2、3 和 4 的水滴接触角仿真计算结果分别为 124.3°、130.5°、120.9°和 132.5°。

图 4-21 为仿真和实验的接触角数据对比图，其中红色点线代表液滴与四种微圆柱表面接触角的仿真结果，黑色点线代表实验测试的接触角，黑点竖线

代表实验测试接触角误差区间。由图 4-21 可以看出，仿真和实验的数据呈现一样的趋势，且仿真的数据全部在实验测试数据的误差范围之内，由此可以证明仿真模型的准确性。

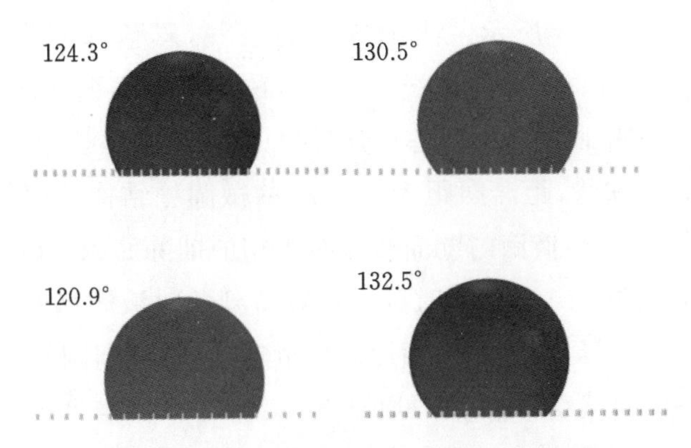

图 4-20　四种不同 SMP 壁面初始微结构的接触角仿真结果(有彩图)

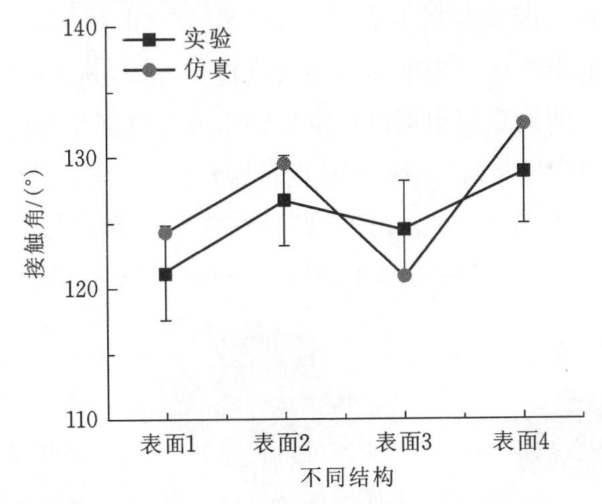

图 4-21　仿真和实验接触角数据对比曲线(有彩图)

4.3.4　润湿性仿真的 SMP 形状记忆微结构优化设计

基于以上模型，这里选择在温敏响应下润湿性改变最显著的微圆柱结构模型，进行进一步优化。拟通过仿真方法设计出一种具有最佳润湿性调控能力的 SMP 微圆柱结构。

1. SMP 固定相的微圆柱初始结构的润湿性仿真模型计算结果分析

对 SMP 固定相微圆柱初始结构的润湿性进行仿真计算，静态接触角结果分析如图 4-22～图 4-25 所示。图中红色为空气，彩色部分为气液界面，分图(a)为液滴接触角仿真结果的主视图，分图(b)为其三维视图，分图(c)为俯视图(可以看出水滴和壁面的接触状态)，分图(d)为水滴的体积分数。图 4-22(a)中蓝色液滴呈大半球状，距离间距为 20 μm 的微圆柱结构壁面的最大高度为 350 μm；通过图 4-22(d)液滴与壁面接触时水相的铺陈面积可以计算得到水滴与壁面接触的半径为 210 μm，同时可以计算得到此时液滴与壁面形成的接触角为 120.3°。图 4-23(a)中蓝色液滴形态接近球状，距离间距为 30 μm 的微圆柱结构壁面的最大高度为 480 μm；通过图 4-23(d)液滴与壁面接触时水相的铺陈面积可以计算得到水滴与壁面接触的半径为 150 μm，同时可以计算得到此时液滴与壁面形成的接触角为 132.8°。图 4-24(a)中蓝色液滴呈大半球状，距离间距为 40 μm 的微圆柱结构壁面的最大高度为 365 μm；通过图 4-24(d)液滴与壁面接触时水相的铺陈面积可以计算得到水滴与壁面接触的半径为200 μm，同时可以计算得到此时液滴与壁面形成的接触角为 125.4°。图 4-25(a)中蓝色液滴呈大半球状，距离间距为 50 μm 的微圆柱结构壁面的最大高度为 355 μm；通过图 4-25(d)液滴与壁面接触时水相的铺陈面积(蓝色区域表示)可以计算得到

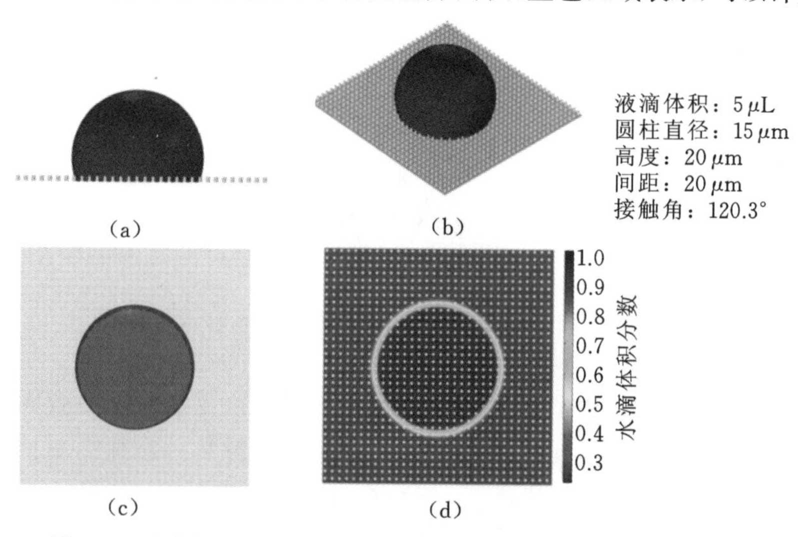

图 4-22　液滴与微结构圆柱(直径 15 μm，高度 20 μm，间距 20 μm)的静态接触角仿真结果(有彩图)

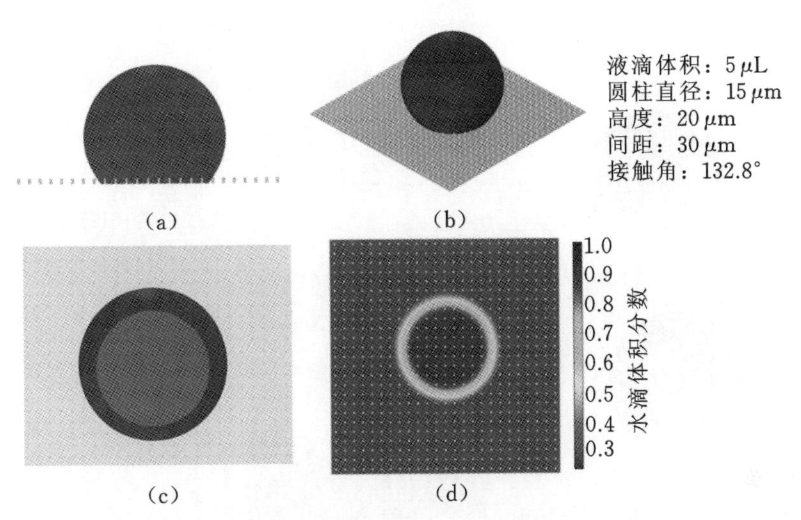

图 4-23　液滴与微结构圆柱(直径 15 μm,高度 20 μm,间距 30 μm)的静态接触角仿真结果(有彩图)

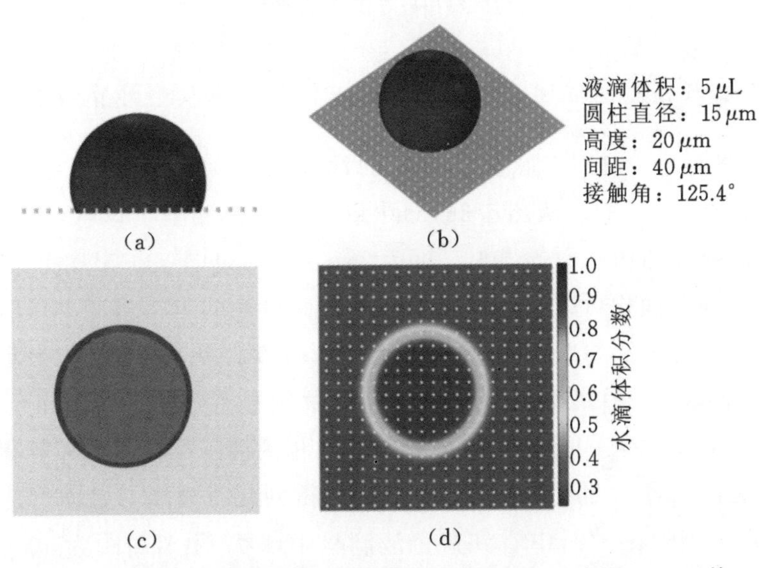

图 4-24　液滴与微结构圆柱(直径 15 μm,高度 20 μm,间距 40 μm)的静态接触角仿真结果(有彩图)

水滴与壁面接触的半径为 205 μm,可以计算得到此时液滴与壁面形成的接触角为 121.5°。由此可以得出,水滴的接触角在微圆柱间距为 30 μm 的时候能够达到最大值 132.8°。

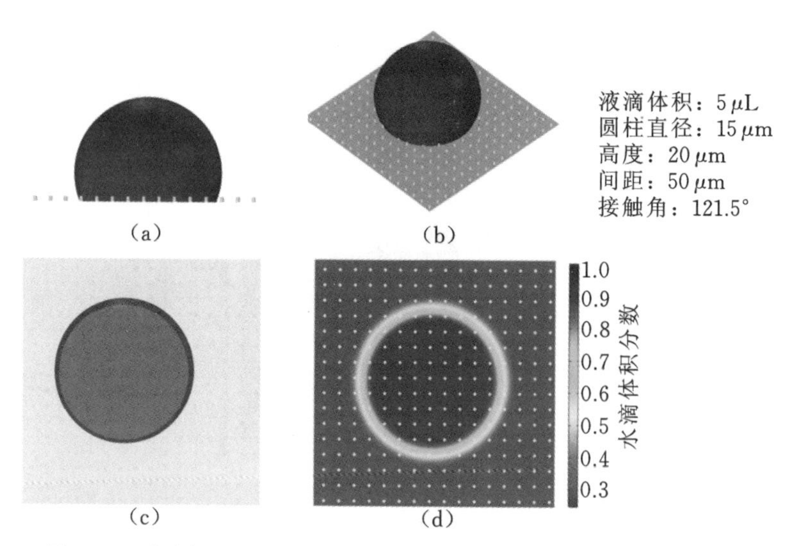

图 4-25　液滴与微结构圆柱(直径 15 μm，高度 20 μm，间距 50 μm)的静态接触角仿真结果(有彩图)

2. SMP 可逆相的微圆柱压倒结构的润湿性仿真模型计算结果

SMP 可逆相的微圆柱压倒结构的润湿性仿真模型计算结果分析如图 4-26～图 4-29 所示。从图 4-26(a)中看到蓝色液滴呈半球状，距离间距为 20 μm 的微圆柱结构壁面的最大高度为 265 μm；通过图 4-26(d)液滴与壁面接触时水相的铺陈面积可以计算得到水滴与壁面接触的半径为 255 μm，同时可以计算得到此时液滴与壁面形成的接触角为 94.6°。从图 4-27(a)中看到蓝色液滴呈小半球状，距离间距为 30 μm 的微圆柱结构壁面的最大高度为 250 μm；通过图 4-27(d)液滴与壁面接触时水相的铺陈面积可以计算得到水滴与壁面接触的半径为 250 μm，同时可以计算得到此时液滴与壁面形成的接触角为 84.5°。从图 4-28(a)中看到蓝色液滴呈半球状，距离间距为 40 μm 的微圆柱结构壁面的最大高度为 255 μm；通过图 4-28(d)液滴与壁面接触时水相的铺陈面积可以计算得到水滴与壁面接触的半径为 255 μm，同时可以计算得到此时液滴与壁面形成的接触角为 88.6°。从图 4-29(a)中看到蓝色液滴呈半球状，距离间距为 50 μm 的微圆柱结构壁面的最大高度为 255 μm；通过图 4-29(d)液滴与壁面接触时水相的铺陈面积可以计算得到水滴与壁面接触的半径为 255 μm，同时可以计算得到此时液滴与壁面形成的接触角为 88.6°。

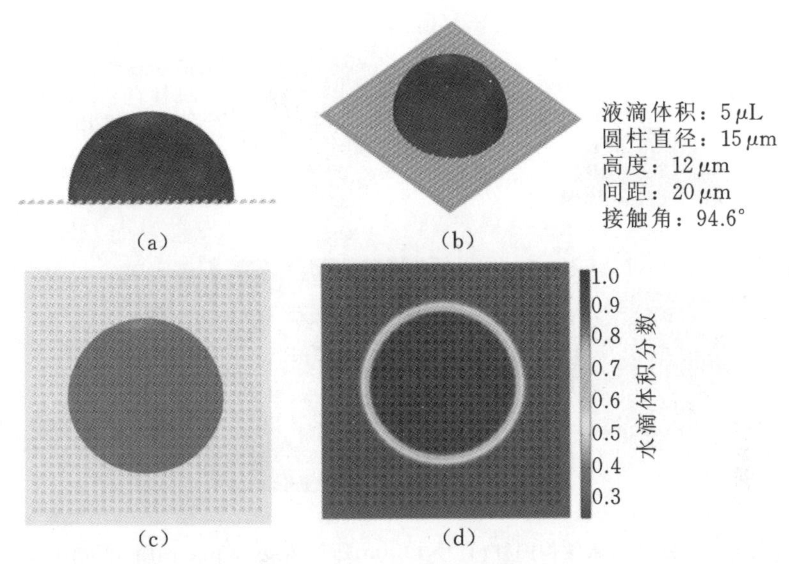

图 4-26　液滴与微结构圆柱(直径 15 μm,压倒高度 12 μm,间距 20 μm)的静态接触角仿真结果(有彩图)

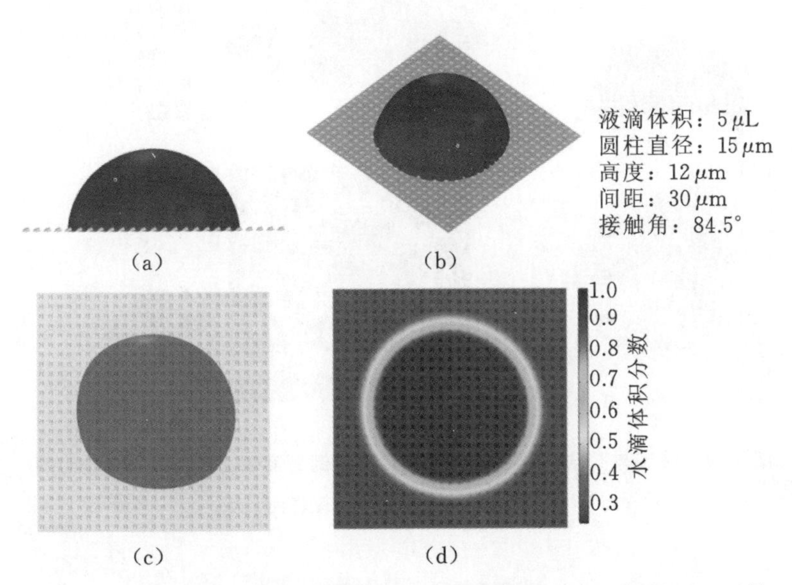

图 4-27　液滴与微结构圆柱(直径 15 μm,压倒高度 12 μm,间距 30 μm)的静态接触角仿真结果(有彩图)

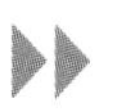

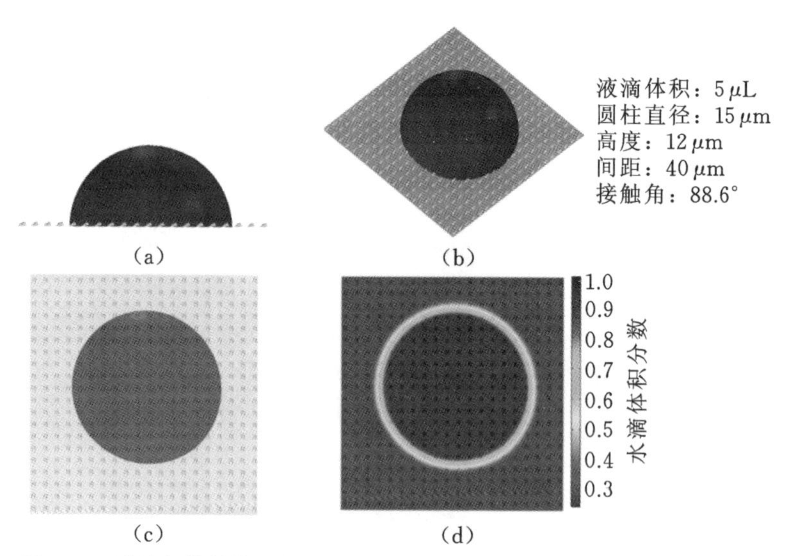

图 4-28　液滴与微结构圆柱(直径 15 μm,压倒高度 12 μm,间距 40 μm)的静态接触角仿真结果(有彩图)

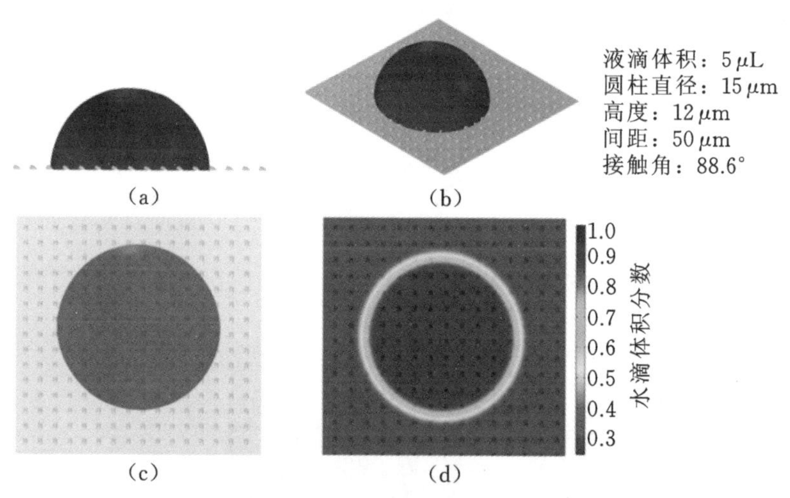

图 4-29　液滴与微结构圆柱(直径 15 μm,压倒高度 12 μm,间距 50 μm)的静态接触角仿真结果(有彩图)

3. 基于最佳润湿调控的 SMP 微圆柱结构优化

基于四种不同间距的微圆柱表面(直径统一为 15 μm,高度统一为 20 μm),分别对 SMP 固定相的初始形态和可逆相的压倒形态进行润湿性仿真分析。计算得到 SMP 微圆柱形状记忆结构对润湿接触角的调控能力曲线,如图 4-30

所示，其中黑点显示了四种不同间距的微圆柱表面 SMP 固定相初始状态接触角，红点显示了四种不同间距的微圆柱表面 SMP 可逆相压倒状态接触角。圆柱间距 20 μm、30 μm、40 μm、50 μm 四种微结构的初始状态接触角分别为 120.3°、132.8°、125.4°、121.5°，可以看出间距 30 μm 微结构的初始状态接触角最大。四种间距压倒状态接触角分别为 94.6°、84.5°、88.6°、88.6°，间距 30 μm 时，压倒状态接触角最小。因此可以得出形状记忆疏水表面微结构在微圆柱间距 30 μm 时初始状态的接触角和压倒状态的接触角差距最大能够达到 48.3°。

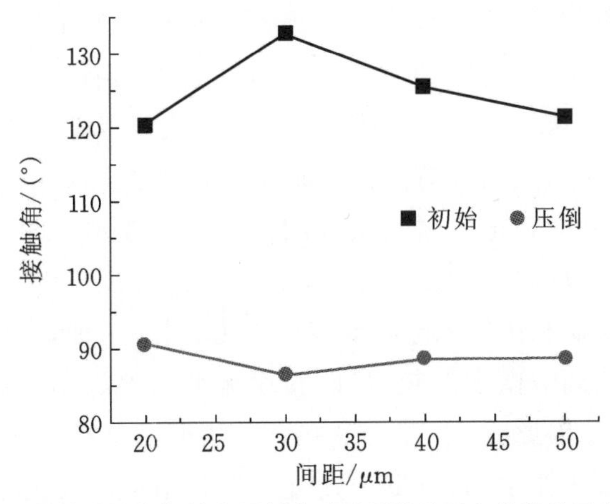

图 4-30 SMP 圆柱微结构初始和压倒变形以后的接触角仿真结果曲线(有彩图)

基于微圆柱直径 15 μm、高度 20 μm 时形状记忆性能最优，改变微圆柱之间的间距找到了间距为 30 μm 时 SMP 表面润湿性可调控范围最大。通过以上研究可以得出，在微圆柱直径 15 μm、高度 20 μm、间距 30 μm 时 SMP 表面有着最优的形状记忆性能以及最大的润湿性调控范围。

本部分的研究通过实验和仿真相结合的方法提出了一种温敏微圆柱形状记忆表面的加工制备方法，利用 SMP 固定相结构和 SMP 可逆相结构的热响应行为实现了表面微结构的自恢复性。通过实验观察到微结构对疏水性能的重构性，揭示了微圆柱形状记忆功能对表面润湿效应的调控能力。通过可逆两相 SMP 微圆柱的仿真优化分析，得到了具有最优润湿性调控能力的微圆柱结构参数。这种温敏表面形状记忆微结构能够随着工况变化实现自我调控，呈现出超塑弹性的特征，是达到所期望的疏水气层减阻控制的关键。

第5章　基于宽温域自适应形变的纳米泡润滑减阻控制机理研究

疏水表面的微纳结构是借助纳米泡物理特性优势推动宽温域摩擦减阻性能提升的关键。但是在温度作用下表面微结构会发生软化变形，使其无法保持既定微形貌的稳定性，这也成为破坏界面疏水特征的主导因素。温敏智能形状记忆材料的提出，实现了通过外界刺激达到形状响应的目的。这种形状记忆性能的提出，意味着当具有某种形状的界面受到温度作用后，表面的微观形貌会发生改变，从而达到维持表面的疏水性能随工况环境自适应调控的目的。显然，利用这种形状记忆材料实现纳米泡润滑控制有两个优点：一方面，有效地利用机械负效应——温度，使表面形成微纳梯度三维结构，在运动过程中形成疏水效应从而利用纳米泡降低表面阻力；另一方面，可以根据运动过程中的温度变化自我调节微观形貌，从而实现疏水纳米泡介入减阻的自适应调节，提高润滑性能。因此，基于智能热响应形状记忆材料的设计，可期通过温度调控表面微纳级拓扑结构，有助于建立一种自适应温度的多尺度梯度疏水体系，可实现宽温域纳米泡润滑减阻控制。

形状记忆合金(SMA)因其可逆相变作用而引起了广泛的关注。这里选择了一种具有复杂结构的二元SMAs NiTi作为研究材料。元素Ni和Ti分别为面心立方(fcc)和密堆六方(hcp)晶体结构。NiTi发生相变实际是实现了高温相的体心立方(bcc)B2结构到低温相的单斜B19′结构的转变(如图5-1所示)。近年来，不少学者一直致力于这两个有序相之间的热诱导可逆转变的研究。同时SMAs NiTi由于在温度作用下能够维持大弹性应变，具有调节形状的能力，故能够在高温下控制润湿性。迄今为止，这种调控方法少有报道。

本章通过分子动力学仿真方法研究基于NiTi温敏响应下的可逆界面纳米结构对不同温度下流动减阻效应的影响。首先，研究了SMAs两级可逆相结构的原子级结构排列。然后，发现了一种有助于纳米泡减阻性能随温度变化的新型转变模式。该结果为研究SMA的形状记忆行为及其相变结构表面上的纳米泡流动提供了理论基础。形状记忆性能的晶体结构可逆性显示出其

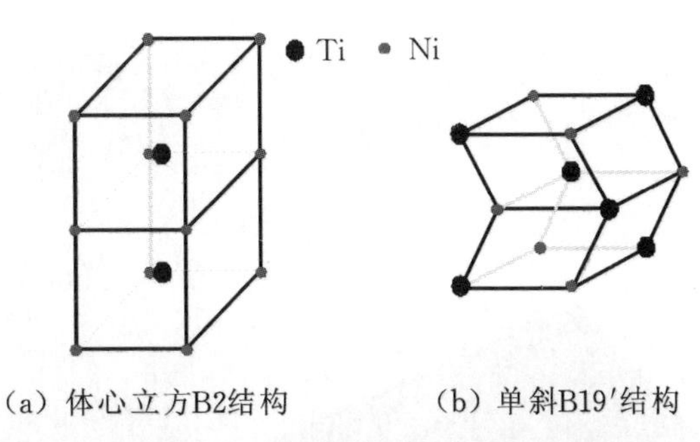

（a）体心立方B2结构　　（b）单斜B19′结构

图5-1　NiTi形状记忆合金的晶体结构(有彩图)

超弹性和应变性，这将有助于在摩擦热作用下通过温敏形状记忆结构来实现纳米泡减阻效应。

5.1　基于热敏结构的纳米泡成核研究

为了研究结构表面的润湿性对壁面纳米泡的诱导作用，通过两个模型分别模拟研究了NiTi中的温度诱导结构转变和这两种有序可逆结构上的纳米泡成核行为。它揭示了自适应结构对纳米泡减阻的优势。

这里使用开源软件(LAMMPS)进行分子动力学模拟。首先，建立如图5-2(a)所示的模型进行温度诱导相变的NiTi自适应结构研究。NiTi的初始结构是由B2相单晶形成的，由基原子Ni＝(0 0 0)和Ti＝(0.5 0.5 0.5)构成，模型长度为10 nm，横截面为1 nm×10 nm，总原子数为6534。在大气压强和550 K下使用等压等温系综(NPT)对B2结构进行弛豫。所有模拟均在550 K至50 K的温度范围内冷却，在50 K至550 K的温度范围内加热，冷却及加热的速率都为1 K/ps。模型的三维边界都应用了周期边界条件。

其次，建立了以温度诱导结构为底壁的微通道，以研究纳米泡的自适应减阻效应，如图5-2(b)所示。在x和y方向上设置周期性边界条件。顶部壁面被设置为Ni光滑表面(黄色原子)，其在x方向以恒定速度$v=10^{-4}$ Å/fs移动。将NiTi设置为底部壁面，将其设置为固定壁并约束在初始位置上(镍和钛原子分别用红色和黑色表示)。流域充满具有一定含气量的流体，其中气体原子为靛蓝原子，液体为蓝色原子。

本书计算了NiTi合金体系纳米通道上气液两相流体流动的多体原子力

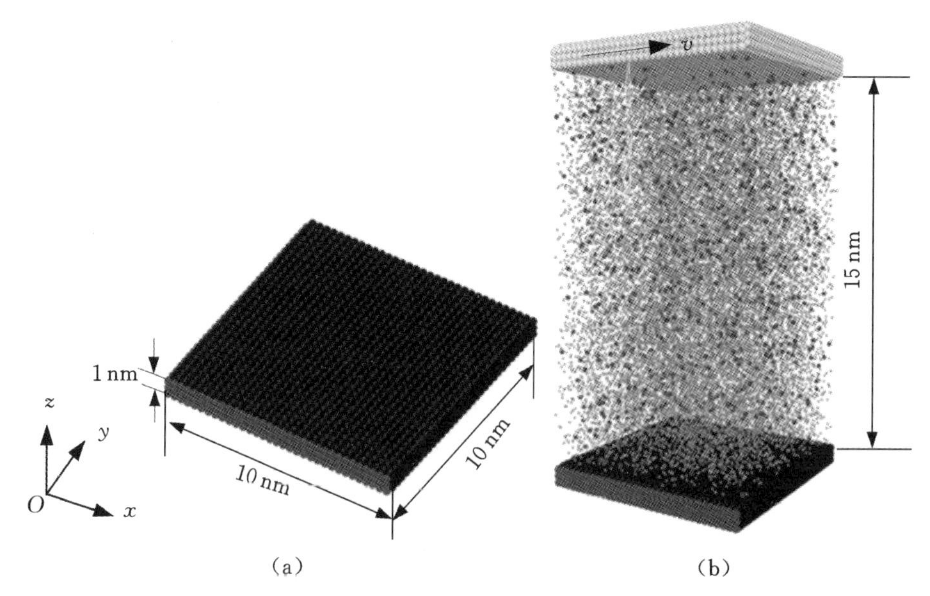

图 5-2 (a)NiTi 温敏相变的可逆纳米结构研究模型;(b)基于温敏可逆纳米结构的纳米泡流动行为模拟模型(有彩图)

场势能。在此,NiTi 合金的温度诱导相变结构研究使用第二近邻(2NN)修正的嵌入原子相互作用势(MEAM)进行表征。表 5-1 总结了 Ni-Ni-Ti-Ti 和 Ni-Ti 相互作用势的 2NN-MEAM 的详细参数。液体、气体和固体相互作用的参数列于表 5-2。

表 5-1 NiTi 温敏纳米结构的 2NN-MEAM 势能参数列表

内聚能 E_c/eV	平衡距离 r_e	体积模量 B/(10^{11} N/m^2)	可调参数 d	筛选参数							
				$C_{(Ni-Ti-Ni)}$		$C_{(Ni-Ni-Ti)}$		$C_{(Ti-Ni-Ti)}$		$C_{(Ti-Ti-Ni)}$	
				min	max	min	max	min	max	min	max
4.96	2.612	1.2818	0.025	0.25	1.7	0.49	1.4	0.09	1.7	1.6	1.7

表 5-2 NiTi 纳米结构微通道中纳米泡流动的 LJ 势能参数

分子	ε/eV	σ/Å
流体-流体(L-L)	0.010438	3.405
流体-Ni	0.060486	2.990

续表

分子	ε/eV	σ/Å
流体-Ti	0.002606	2.990
气体-Ni	0.060486	2.990
气体-Ti	0.002606	2.990
固体-固体(S-S)	0.351000	2.574

5.2　基于自适应形变的纳米泡润滑减阻的控制研究

5.2.1　形状记忆材料纳米结构的温度响应研究

这里主要研究具有温度自适应纳米结构表面的纳米通道上的纳米泡减阻效应。设置温度从 50 K 增加到 550 K 来控制 NiTi 表面纳米结构，由此分析 NiTi 温敏记忆纳米结构的响应温度。图 5-3 显示了 NiTi 合金原子体积随温度的演变规律。在冷却过程中，发现纳米结构奥氏体相 B2 向马氏体相 B19′演变，当温度降低到 261.5 K 时，原子体积急剧增加，意味着奥氏体相 B2 在 261.5 K 时转变为马氏体相 B19′。NiTi 冷却至 50 K 后，在温度再次升高至 550 K 的过程中，当温度升高到 425 K 时原子体积急剧减小，表明 B19′再次转变为 B2。仿真结果表明，室温 300 K 下的奥氏体和马氏体结构的原子体积分别为 13.64 $Å^3$ 和 13.71 $Å^3$，这与之前研究中的实验结果一致。正如预期的那样，NiTi 的形状记忆和超弹性性能帮助我们通过不同温度调控获得各种纳米结构。

图 5-4 为相变前后的 NiTi 纳米结构。图 5-4(a)为高温 NiTi 合金 B2 结构，图 5-4(b)为低温 NiTi 合金 B19′结构。此外，在低温 NiTi 合金中存在具有精细分散的复合孪晶边界(001)的孪晶结构。因此，温度是纳米孪晶形成的驱动因素，这进一步证实了由温度诱导 NiTi 相变进而控制壁面纳米结构的可行性。通过 MD 模拟计算不同温度的表面纳米结构，将此纳米结构设置为纳米通道的壁面，达到研究纳米泡流动行为的目的。

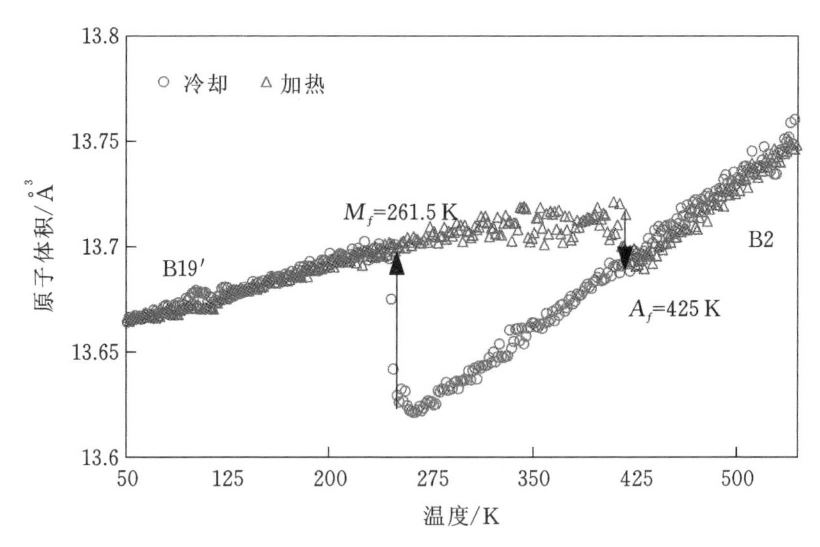

图 5-3　NiTi 合金原子体积随温度的演变规律(有彩图)

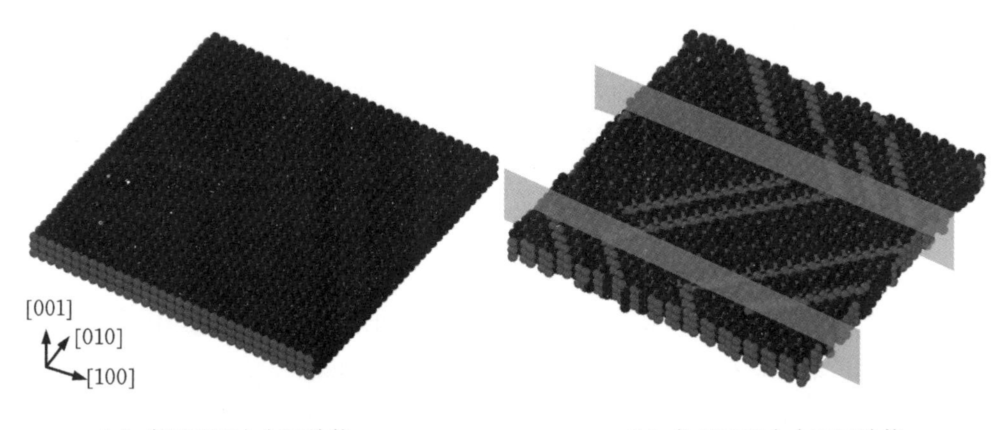

（a）高温NiTi合金B2结构　　（b）低温NiTi合金B19′结构

图 5-4　温度诱导下的 NiTi 表面纳米结构(有彩图)

5.2.2　温度诱导纳米结构的纳米泡减阻

在这一部分研究中，将前面模拟仿真的不同温敏响应下的 NiTi 合金纳米结构用于构建纳米通道，实现纳米通道两相流中纳米泡的减阻流动行为分析。这里通过第二个分子动力学模拟，比较了壁面附近的流体密度和速度分布，以揭示 NiTi 形状记忆纳米结构对纳米泡流动行为的影响。

1. 温度诱导纳米结构的纳米泡形核能力

在初始条件下，流体为一定含气量的液体，可以观察到，在液体流动过程中，气体分子逐渐聚集并长大，从溶解状态发展成为气态的纳米泡。图 5-5 显示了高温 NiTi 合金壁面纳米结构上的纳米泡形核过程。首先，固-液-气三相的强相互作用会使得气体分子克服能垒形成气态纳米泡。然而，由于固体壁面的纳米结构几何特性，固体表面存在一种排斥气体的力，导致纳米泡的存在形式为体相纳米泡。根据本模型中液体中气体的过饱和性，纳米泡在1 ns时形成并保持其体积不变，即不衰减。

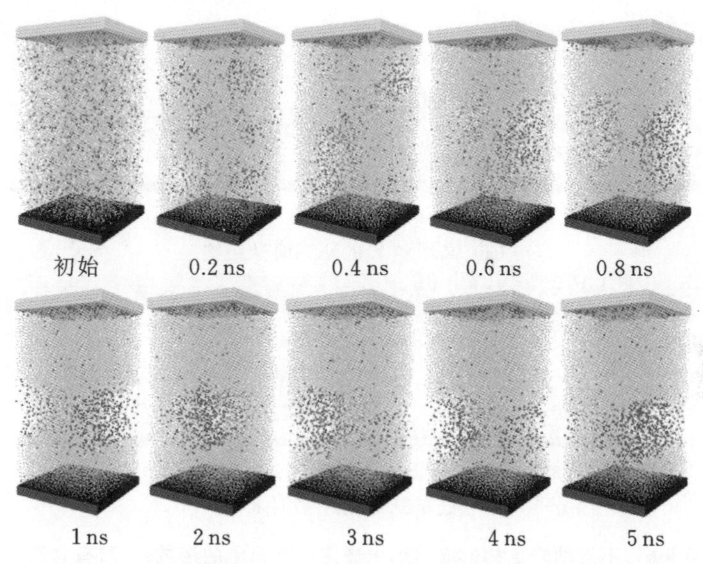

图 5-5　纳米微通道流动中三维气态纳米泡形成过程(有彩图)

2. 温度诱导纳米结构对纳米泡流动行为的影响

此部分内容比较了流体动态平衡条件下壁面附近的流体密度和速度分布，进而研究温度诱导纳米结构对纳米泡流动行为的影响。通过第二个模型的分子动力学仿真分析了界面流体分子密度和流速分布，来揭示纳米泡减阻的影响因素。

图 5-6 为不同温度下具有不同纳米结构的 NiTi 合金微通道内纳米泡随时间的演变规律。结果显示气体分子在三相作用力下聚集成核，但由于三相分

子之间的吸引力和排斥力的竞争，纳米泡的成核点随固体界面结构变化而变化。低温下的 NiTi 纳米结构表现出对气体的强大吸附能力，有助于捕获流体中的气体分子并使得纳米泡停留在低温纳米结构界面上，相对而言，高温流域中也会形成纳米泡，但是高温 NiTi 纳米结构对气体的排斥力使得纳米泡呈现体相性。随着温度的降低，NiTi 相变带来纳米结构的转变使得固体分子间相互作用发生了变化，从而使得低温壁面更容易吸附气体分子。如图 5-6(b)所示，低温纳米结构上形成的纳米泡受到壁面的吸附作用被牢牢吸附在壁面上。与高温纳米结构上的纳米泡形成过程相比，低温纳米结构壁面上的纳米泡紧贴着壁面扩散，从而在壁面上聚拢合并形成纳米气体层。

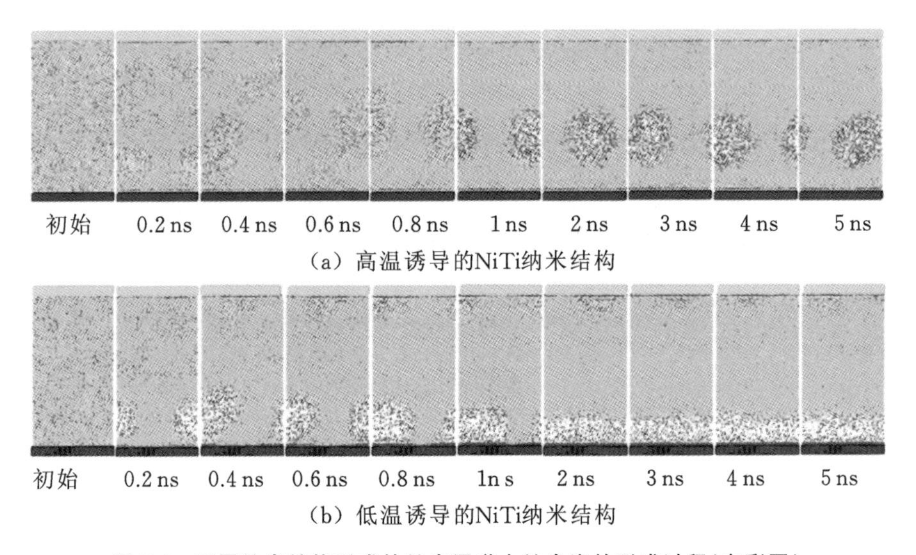

图 5-6 不同纳米结构形成的纳米通道中纳米泡的形成过程(有彩图)

图 5-7 对比了高温和低温纳米结构壁面在 z 方向上的液体分子数密度分布。曲线图中上侧的黄色阴影代表顶部壁面，曲线图中下侧的黑红渐变色代表具有温度诱导性的纳米结构底部壁面。该曲线图为流体分子数密度分布的波动曲线。如图 5-7(a)所示，波动曲线具有明显的谷值，代表低分子数密度区域，这表明流体中形成了纳米泡，并且纳米泡形成在低温纳米结构底部壁面上。对于高温纳米结构壁面，曲线谷值远离底部，表明高温纳米结构的三相作用力对气体存在排斥力，使得纳米泡存在于液体流域中，如图 5-7(b)所示。相比之下，低温纳米结构壁面分子数密度曲线谷值位于底部，低温纳米结构的三相作用力对气体存在吸附作用，使得纳米泡形成于底部壁面之上。可以推断，

纳米泡的存在区域由壁面纳米结构的温度决定,高温使得纳米结构上的纳米泡区域远离底部,低温使得纳米结构能够吸附纳米泡。由该曲线图可以看出,利用 NiTi 温敏记忆性可以通过调控温度来诱导壁面的纳米结构,从而改变纳米泡成核位置,实现气体层的稳定性控制。

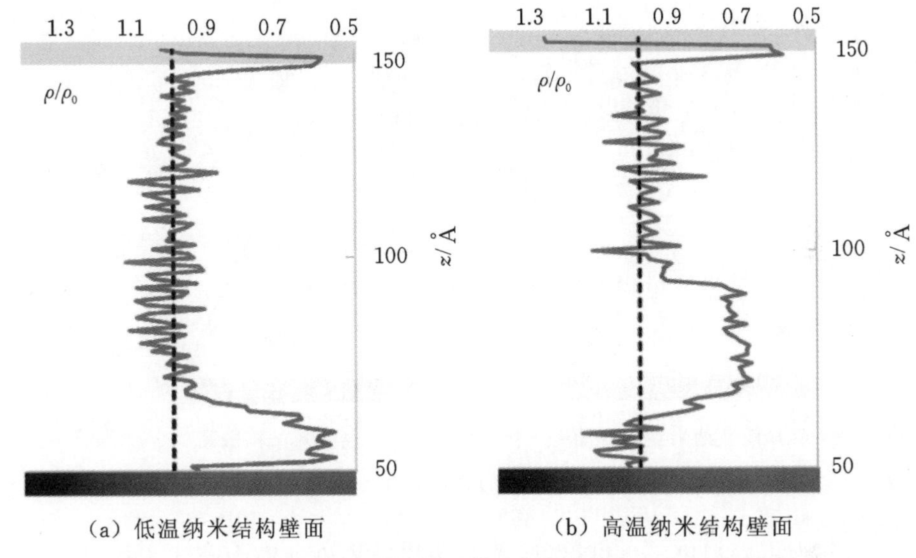

图 5-7　受表面纳米结构影响的流体分子数密度分布曲线(有彩图)

图 5-8 曲线图描绘了受 NiTi 表面纳米结构影响的流体平均速度分布情况。结果表明,界面纳米结构直接影响流域中流体的速度分布。通过固-液-气三相分子的碰撞进行动量交换,把顶部壁面的动能传递到液体和气体分子,从而减少了固体分子与流体分子间的相互作用力。因此,速度分布的统计学轮廓近似于宏观流动的线性特征(如黑点线所示)。对比低温纳米结构的速度分布曲线与高温纳米结构的速度分布曲线可以看到,低温壁面纳米结构的改变使得壁面对纳米泡的吸引力增强,气体分子与壁面的弱作用力会导致界面滑移现象的产生。通过曲线对比分析可以总结,高温纳米结构表面上流体流动无滑移,低温纳米结构表面上流体流动会产生滑移。根据顶部和底部壁面之间的流体流动时液体分子层的散点速度,拟合出液体内部的速度梯度线性图,从而计算滑移长度 L_s。通过计算得到高温纳米结构和低温纳米结构壁面上的流体滑移长度分别为−0.02 nm 和 0.55 nm。由此可见,相对于高温纳米结构壁面上流体的滑移长度来说,低温纳米结构壁面上流体的滑移长度较长。研

究结果表明，低温纳米结构壁面对纳米泡有吸附作用，但是纳米泡的形态是动态变化的，并且不会随着流体一起移动。因此，低温纳米结构壁面上存在的气泡导致滑移现象的发生。

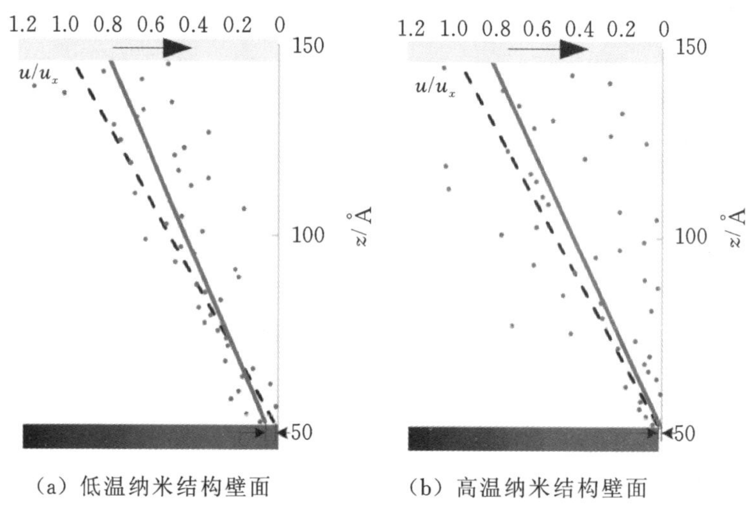

(a) 低温纳米结构壁面 (b) 高温纳米结构壁面

图 5-8 受表面纳米结构影响的流体平均速度分布曲线(有彩图)

图 5-9 为不同温度下 NiTi 纳米形状记忆结构微通道中流体流动阻力系数随时间的演变规律。阻力系数定义为运动方向上剪切力的平均值与所受法向力的比值。这里，壁面上的剪切力和法向力为液体(气体分子)与通道壁面作用的合力的相应分量。蓝色曲线代表高温纳米结构壁面上纳米泡形成过程中的流体流动阻力，可以看到在 0.2 ns、0.4 ns、0.6 ns、0.8 ns 和 1 ns 时刻的流体流动阻力系数分别为 0.013、0.082、0.083、0.089、0.11。同时可以看到在 1 ns 后纳米泡流动阻力系数维持在 0.12 左右，这表明体相纳米泡的流动阻力系数增加了。当温度下降之后，NiTi 发生相变，低温纳米结构壁面上纳米泡形成过程中的流体流动阻力由红色曲线表示，在 0.2 ns、0.4 ns、0.6 ns、0.8 ns 和 1 ns 时纳米泡的流动阻力系数分别为 0.086、0.082、0.078、0.057 和 0.049。纳米泡被低温纳米结构壁面吸附在壁面，形成气体层，使得流体流动阻力系数显著降低，这表明壁面纳米泡的存在起到了降低流体流动阻力的作用。同时在流动 2 ns 后，阻力系数保持恒定，维持在 0.044 左右。实验结果说明，通过温度诱导可以实现 NiTi 形状记忆壁面纳米结构的调控，从而达到通过控制纳米泡存在位置来降低流体流动阻力系数的目的。

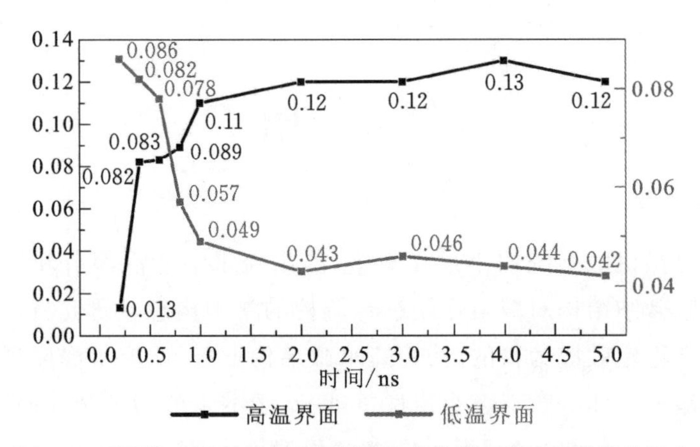

图 5-9　不同温度下 NiTi 纳米形状记忆结构微通道中流体流动阻力系数随时间的演变规律(有彩图)

因此,根据关联温度作用下的纳米泡稳定存在机制、流体流动特征,以及两相流动力学研究中疏水界面微结构共有特征,本文构建了使纳米泡减阻机制能在不同温度范围内稳定响应的微结构表面。同时借助温控形状记忆材料的自调控设计,根据温度响应时微观形状固定记忆点,实现对纳米泡控制的自适应形变,从而达到宽温域工况下纳米泡润滑减阻控制的目的。

结　　语

本书针对微机电系统的小尺度效应，提出疏水纳米泡润滑新概念及通过宽温域自适应微纳结构对减阻作用进行调控的学术构想。研究将以提高纳米泡的热动力学稳定效应为目的，构建疏水微结构形态；研究了温度耦合微结构以了解纳米泡成核和分布形态稳定性机理；基于纳米泡的气液界面特征、边界滑移动力学和流动传热特性，揭示了微结构温度响应对纳米泡两相流体流动热动力学影响机理；利用多重形状记忆材料的微结构形变调控实现对纳米泡的润滑减阻控制。主要内容如下：

(1) 基于疏水微纳结构界面诱导的纳米泡稳定机制研究。利用醇水交换法在原子力显微镜下观察热解石墨烯表面纳米结构对纳米泡成核及其稳定性的影响，通过研究体系成核过程中的热力学性质预测纳米泡的界面成核现象，从而构建出诱导界面纳米泡成核的机理；分析疏水微结构表面特征对纳米泡的成核和分布形态的影响规律，实现对表面纳米泡的尺度范围和分布密度进行有效调控。

(2) 基于微结构的 Leidenfrost 纳米泡温度响应滑移效应研究。通过分子动力学仿真，研究小尺度效应下 Leidenfrost 液体悬浮效应的界面特征和温度响应对纳米泡的增强现象；同时构建纳米通道滑移流动模型，揭示了微结构界面上纳米泡存在形式对滑移减阻的影响。

(3) 基于形状记忆材料温控性能的多重微结构调控研究。通过模板复制法在热敏型环氧表面制备出了具有良好形状记忆功能的微米级结构表面，实现了微观织构的温度响应智能转换；同时通过微织构形貌的温度调控达到了表面疏水性能的重构性可控的目的。

(4) 基于宽温域自适应形变的纳米泡润滑减阻控制机理研究。基于微结构的温度自适应形变响应特征，本文研究了界面纳米泡热动力学稳定性，分析了界面纳米泡润滑减阻控制的机理。

参考文献

[1] LU Y.Superior lubrication properties of biomimetic surfaces with hierarchical structure[J].Tribology International,2018,119:131-142.

[2] LU Y H,YANG C W,FANG C K,et al.Interface-induced ordering of gas molecules confined in a small space[J].Scientific Reports,2014,4:07189.

[3] FANG C K, KO H C, YANG C W, et al. Nucleation processes of nanobubbles at a solid/water interface[J]. Scientific Reports, 2016, 6:24651.

[4] WANG W, SALAZAR J, VAHABI H, et al. Metamorphic superomniphobic surfaces[J].Advanced Materials,2017,29:1700295.

[5] ALHESHIBRI M,QIAN J,JEHANNIN M,et al.A history of nanobubbles[J]. Langmuir,2016,32:11086-11100.

[6] CHAN C U,OHL C D.Total internal reflection fluorescence microscopy for the study of nanobubble dynamics[J].Physical Review Letters,2012, 109:174501.

[7] ZHANG X H,CHAN D Y C,WANG D Y,et al.Stability of interfacial nanobubbles[J].Langmuir,2012,29:1017-1023.

[8] LIU Y W,ZHANG X R.Molecular dynamics simulation of nanobubble nucleation on rough surfaces[J].Journal of Chemical Physics,2017,146: 164704.

[9] JIN J Q,DANG L X,MILLER J D.Molecular dynamics simulations study of nano bubble attachment at hydrophobic surfaces[J].Physicochemical Problems of Mineral Processing,2018,54(1),89-101.

[10] BERKELAAR R P,ZANDVLIET H J W,LOHSE D.Covering surface nanobubbles with a NaCl nanoblanket[J]. Langmuir, 2013, 29(36): 11337-11343.

[11] PETSEV N D, SHELL M S, LEAL L G. Dynamic equilibrium explanation for nanobubbles' unusual temperature and saturation dependence[J]. Physical Review E, 2013, 88: 010402.

[12] DIETRICH E, ZANDVLIET H J W, LOHSE D, et al. Particle tracking around surface nanobubbles[J]. Journal of Physics-Condensed Matter, 2013, 25: 184009.

[13] LIU Y, ZHANG X. Nanobubble stability induced by contact line pinning[J]. Journal of Chemical Physics, 2013, 138: 014706.

[14] WANG L, WANG X Y, WANG L S, et al. Formation of surface nanobubbles on nanostructured substrates[J]. Nanoscale, 2017, 9 (3), 1078-1086.

[15] LIU Y, LU G L, LIU J D. Fabrication of biomimetic hydrophobic films with corrosion resistance on magnesium alloy by immersion process[J]. Applied Surface Science, 2013, 264: 527-532.

[16] JIA N, GOURMA M, THOMPSON C P. Non-newtonian multi-phase flows: on drag reduction, pressure drop and liquid wall friction factor[J]. Chemical Engineering Science, 2011, 66(20): 4742-4756.

[17] LU Y. Fabrication of a lotus leaf-like hierarchical structure to induce an air lubricant for drag reduction[J]. Surface & Coatings Technology, 2017, 331: 48-56.

[18] KARATAY E, HAASE A S, VISSER C, et al. Control of slippage with tunable bubble mattresses[J]. Proceedings of the National Academy of Sciences of the United States of America, 2013, 110(21): 8422-8426.

[19] DAVID Q. Leidenfrost dynamics[J]. Annual Review of Fluid Mechanics, 2012, 45: 197-215.

[20] ARNALDO D, MARIN A G, ROMER G B E, et al. Leidenfrost point reduction on micropatterned metallic surfaces[J]. Langmuir, 2012, 28, 15106-15110.

[21] VAKARELSKI I U, PATANKAR N A, MARSTON J O, et al. Stabilization of Leidenfrost vapour layer by textured superhydrophobic

surfaces[J].Nature,2012,489(13) :274-277.

[22] CHAUDHURY M K,CHAKRABARTI A,DANIEL S.Generation of motion of drops with interfacial contact[J]. Langmuir,2015,31(34):9266-9281.

[23] RAMACHANDRAN R,MAANI N,RAYZ V L,et al.Vibrations and spatial patterns in biomimetic surfaces:using the shark-skin effect to control blood clotting [J]. Philosophical Transactions of the Royal Society of London,2016,374:20160133.

[24] LV T,CHENG Z J,ZHANG E S,et al. Self-restoration of superhydrophobicity on shape memory polymer arrays with both crushed microstructure and damaged surface chemistry[J]. Small,2017,13:1503402.